Understanding Mobile Human-Computer Interaction

모바일 HCI를 위한 연구 방법론

Steve Love 저 | 류지헌 · 김민정 공역

학지사

Understanding Mobile Human-Computer Interaction
by Steve Love

역자 서문

현대사회에서 모바일 기기는 누구나 갖고 있는 생필품처럼 사용되고 있다. 모바일 기기는 다양한 생활 장면에서 활용되고 있으며, 직장이나 학교에서도 모바일을 활용한 새로운 활동 유형이 나타나고 있다. 그런데 이와 같은 첨단 매체의 등장은 연구자들에게 새로운 도전과제를 제공하는 역할을 한다. 우리가 일상적으로 사용하는 장치를 보다 만족스럽게 설계하고 개발하기 위한 방법을 모색해야 하기 때문이다.

이 책은 이와 같이 모바일 장비에 대한 연구를 수행할 수 있도록 도와주기 위한 안내서 역할을 한다. 특히, 인간-컴퓨터 상호작용(Human-Computer Interaction: HCI)의 관점에서 모바일과 관련하여 고려해야 할 설계 요인이나 연구 절차 및 방법에 대해 소개하고 있다. 이 책은 모바일 HCI에 대한 개요로 시작하고 있으며, 2장에서는 사용자의 일반적인 특징을 설명하고 있다. 3장과 4장은 HCI 연구 전반에 대한 개괄적인 설명을 제공하고 있으며, 5장과 6장에서는 구체적인 모바일 활용 여건을 전제로 다양한 논쟁을 다루고 있다. 7장과

8장에서는 자료의 분석 방법과 일반적인 연구 수행 절차를 설명하고 있다. 끝으로 9장에서는 모바일과 HCI 관련 연구를 위한 연구 방법과 주제에 대한 제언을 제시한다. 이와 같이 이 책은 모바일 연구에 필요한 요인들을 체계적으로 구성하고 있기 때문에 초보 연구자들을 위한 연구 방법 절차를 안내해 준다.

새로운 매체가 학교나 직장에서 어떻게 활용될 것인지를 알기 위해서는 우선적으로 매체 자체의 장치적인 속성이나 미시적인 차원에서의 상호작용을 이해하는 것이 바람직하다. 첨단매체의 활용을 이해하기 위해서는 사회·문화적인 배경이 중요하다고 하더라도 결국 매체 활용의 첫 단계는 인간과 장치 사이의 상호작용에서 출발하기 때문이다. 역자들이 HCI와 같은 인간-기계의 상호작용에 관심을 갖고 있는 것도 바로 이러한 이유 때문이다. 매체와 사람이 어떻게 상호작용하는가에 따라서 매체의 활용 용도나 폭은 매우 달라질 수 있다. 모바일 연구에서 적용 환경의 역동성은 효율적 설계를 위한 중요한 변수다. 이 책에서는 이러한 활용 맥락을 고려하여 모바일 기기와 적용 환경과의 관계에 대한 논쟁과 연구 방법론을 다루고 있다. 이 책에서는 모바일 연구를 위하여 고려해 볼 만한 주제를 포괄적으로 제시하고 있을 뿐만 아니라 실제적 연습 기회를 제공하고 있기 때문에 모바일을 어떻게 활용할 것인지를 연구하려는 경우에 좋은 지침이 될 것이다.

2010년

류지헌·김민정

차 례

제1장

모바일 HCI에 대한 소개

이 장은 인간-컴퓨터 상호작용(Human-Computer Interaction: HCI)이라는 학문 영역을 소개하기 위한 것이다. HCI의 학제적 구성 요인은 무엇이며, 왜 이 분야가 심리학, 컴퓨터 과학, 사회학이라는 서로 다른 학문 영역의 지식을 통합해야 하는 간학문적 특성을 가지고 있는지에 대하여 설명할 것이다. 또한 이 장에서는 우리가 오늘날 일상적으로 사용하고 있는 다양한 유형의 모바일 장치와 응용 프로그램을 통하여 사용할 수 있는 서비스의 연결 유형에 대해서도 소개할 것이다. 그리고 이 책에서 다루게 될 전반적인 주제에 대한 개괄적인 설명으로 마무리할 것이다.

제1장

모바일 HCI에 대한 소개

배 경

수년 전에 나는 Edinburgh에서 Glasgow로 돌아가는 기차여행 중이었다. 여행을 시작하고 얼마 되지 않을 때였는데 바로 옆에 있던 어떤 여성이 나에게 말을 걸기 시작하였다. 나는 약간 놀랐는데, 왜냐하면 그녀는 내가 모르는 사람일 뿐만 아니라 '이 기차가 Glasgow까지 얼마나 걸리나요?' 같은 일상적인 질문을 한 것이 아니고 오늘 하루가 어떠했는지 안부를 물었기 때문이었다. 비록 약간 의아했지만 난 그녀에게 직장에서의 일도 무사히 마치고 퇴근하는 중이고, 오늘 밤에는 Scotland와의 축구경기를 볼 예정이라고 대답했다.

그런데 이렇게 대답하면서 보니 그 여성은 나를 흘끔 보며 "응 알았어, 나중에 전화할게." 하면서 지나쳐 갔다. 그때서야 나는 그 여성이 나에게 물었던 것이 아니라 핸드프리용 전화기로 누군가와 대화를 하고 있었다는 것을 알게 되었다. 나머지 여정 동안 누구도 나에게 말을 걸어 오지 않았다.

이 사례는 이 책의 주제가 무엇인지를 그대로 보여 준다. 휴대전화나 PDA(Personal Digital Assistants)와 같은 모바일 커뮤니케이션은 사회적 · 경제적으로 우리의 일상에 영향을 미치고 있다. 이 책은 모바일 HCI라고 불리는 영역에서 연구를 수행하기 위하여 알고 있어야 하는 모바일 장비와 관련 요소를 다루고 있다.

HCI란 무엇인가

우선 HCI(Human-Computer Iinteraction)라는 용어가 무엇을 의미하는지에 대하여 정의할 필요가 있다. 이 책의 목적에 비춰 보면 HCI는 사람과 모바일 컴퓨터 시스템 및 응용 프로그램의 관계(상호작용—interaction)에 대한 연구 분야라고 정의할 수 있다. 이것은 마치 당신이 대학에서 HCI에 대한 단원을 학습하기 위하여 PDA를 사용해서 내용을 탑재하거나 휴대전화를 이용해서 은행의 잔고를 조회하는 것에 이르기까지 다양한 활동을 포함한다. 그리고 미국이나 호주, 뉴질랜드, 남아프리카공화국 같은 곳에서는 여기에서 사용하고 있는 HCI라는 용어 대신에 컴퓨터—인간 상호작용(Computer-Human Interaction: CHI)이라는 용어도 사용하고 있다. 그렇기 때문에 이 분야를 공부하기 위해서 참고문헌을 검색할 때에는 이런 용어상의 차이도 염두에 두어야 한다.

그렇다면 과연 HCI라는 용어는 실제로 어떤 의미를 가지고 있으며 이전에는 어떤 의미로 쓰였는지 살펴보자. HCI는 사람과 컴퓨터 시스템 및 응용 프로그램 사이의 관계를 탐색하는 데 초점을 두고 있다. 이 책은 시스템 사용자를 이해하기 위해서 그들의 다양한 활용 능력과 기대가 무엇이며, 모바일 시스템이나 응용 프로그램을 설계할 때 그런 것들을 어떻게 고려할 것인지를 다루고 있다. 모바일 시스템을 설계하기 위해서는 사용자의 특성을 이해하는 것이 중요하다. 첫째, 시스템 설계자는 그 시스템을 사용하는 사람이 어떤 과제의 수행을 원하고 있으며 어떤 모바일 장치를 사용하고 싶어 하는지부터 이해해야만 한다. 둘째, 사용자의 특성 중에서 어떤 것이 시스템을 사용한 수행의 결과에 중요한 영향을 미칠 것인지를 알고 있어야 한다. 예를 들면, 연령이나 시력 손실과 같은 신체적인 장애 등도 이러한 사용자 특성 중의 하나다. 셋째, 일단 시스템 설계자가 사용자의 요구가 무엇인지를 알았다면, 그다음 단계는 그런 요구를 충족시킬 수 있도록 시스템을 개발하는 것이다. 그런 다음에 설계자는 시스템이 사용자의 요구를 충족하고 있으며, 만족스럽게 사용되고 있는지를 검사해야 한다. 그러고 나서 설계자는 평가 단계에서 사용자의 피드백을 받아 서비스나 응용 프로그램을 개선해야 한다.

사용자들이 어떤 환경에서 그와 같은 기술을 사용하고 있는지에 대한 이해(사용 맥락)도 중요하다. 이는 환경이 모바일 장비나 응용 프로그램을 효과적이고 효율적이며 만족스럽게 사용할 수 있도록 하는 사용자의 능력에 중요한 영향을 미치기 때문이다. 기차를 타고 있거나 길거리를 걷고 있는 것과 같이 역동적인 환경에서 휴대전화를 사용하고 있다면, 사용자는 각 상황에 필요한 요구나 기대를 갖게 될 것이다. 만약 우리가 기차 안에서 이동통신을 사용하고 있다면, 접속이 끊겨서 데이터베이스의 최신 정보를 업데이트하지 못하는 상황을 결코 원하지 않을 것이다.

앞서 기술된 내용에서 본 바와 같이, 인간과 모바일 장치 및 응용 프로그램의 관계를 이해한다는 것은 결코 쉬운 과정이 아니다. 그러나 독자 여러분은 이 책을 통하여 그런 과정에 대한 통찰과 제대로 그런 일을 수행하기 위한 절차를 학습하게 될 것이다. 그리고 모바일 HCI 연구를 수행할 때 고려해야만 하는 중요한 요인을 이해하게 될 것이다.

모바일 HCI와 관련된 학제 영역

HCI는 다양한 주제로 구성된 간학문적 특징을 갖고 있다. 이것은 인간과 컴퓨터 시스템 간의 상호작용이 복잡하다는 것을 의미한다. 상호작용 속에는 사용자와 그 사용자가 시스템을 통하여 수행하려는 과제에 대한 이해, 그것을 성취하기 위해 필요한 소프트웨어 패키지와 같은 설계도구에 대한 이해, 소프트웨어 공학에 필요한 도구에 대한 이해와 같은 다양한 요인이 포함된다. 다음의 내용은 모바일 HCI 연구에 관련된 주요 학문 영역과 그것들이 어떻게 이 분야의 연구에 기여하고 있는지를 간단히 설명한 것이다.

심리학

심리학은 HCI 영역에서 중요한 기여를 하고 있다. 현재 모바일 HCI 연구에서 사용되고 있는 많은 연구 방법과 시스템 평가 기법은 심리학에서 채용된 것들이다. 예를 들면, 만약 당신이 새로운 휴대전화 기반의 여행자 정보 안내 활용에 대한 사람들의 태도를 밝히고 싶다면, 심리학 연구 방법 개론서(예, Coolican, 2000)에 제시되어 있는 설문지 설계 기법을 활용하여 질문지를 작성해야 할 것이다. 이런 측정에서와 마찬가지로 모바일 HCI 연구(HCI 연구 일반을 포함해서)에서 사용되는 수행의 측정은 실험심리학의 영역에서 도입된 것이다. 예를 들어, 휴대전화 기반의 여행자 정보 안내 시스템을 사용할 때, 특정 과제를 완수하는 데 소요되는 시간에 대한 연구는 수행의 측정과 관련된 것이다. 모바일 HCI 연구 방법에 대한 좀 더 상세한 내용은 4장과 5장에 논의한다.

사용자와 그들의 요구를 잘 이해한다면 모바일 시스템, 장비, 응용 프로그램을 설계할 때 매우 유용할 것이며, 사용자가 쉽고 재미있게 사용할 수 있는 프로그램을 개발할 수 있을 것이다. 나이나 성격, 시력 손실과 같은 신체적 장애는 모바일 응용 프로그램이나 시스템을 사용할 때 사용자의 수행에 중요한 영향을 미치게 된다. 또한 이러한 개인차 요인은 그들이 사용하고 있는 모바일 서비스나 장치에 대한 사람들의 태도에도 영향을 미칠 수 있다. 모바일 HCI 연구 및 설계에서 개인차가 미치는 영향에 대해서는 3장에서 상세하게 논의한다.

컴퓨터 과학

컴퓨터 과학(혹은 컴퓨터 공학)은 인터페이스 개발을 위한 소프트웨어 도구를 제공하고 있다. 비주얼 베이직과 마이크로 에디션 자바 2 플랫폼 등이 대표적인 개발도구다.

이런 도구들을 사용해서 우리는 어떤 것들을 할 수 있을까? 마이크로 에디션 자바 2 플랫폼은 휴대전화나 PDA와 같은 장치의 개발에 활용되는 소프트웨어 개발도구다. 이 플랫폼은 모바일 정보 장치 프로파일(Mobile Information Device Profile: MIDP)이라는 것을 갖고 있는데, 여기에는 자신의 모바일 장치에 저장된 정보에 접속하려는 비인가 접속으로부터 정보를 보호하기 위한 보안 기능이 탑재되어 있다. 이러한 기능은 역동적인 모바일 환경에서 매우 중요한 것이다. 또한 이 플랫폼이 있어야 하이퍼텍스트 통신규약(Hyper Text Transfer Protocol: HTTP)을 사용해서 인터넷에 접속하거나 활용할 수 있다. 그리고 MIDP는 모바일 장치의 제한된 스크린 공간을 활용할 수 있도록 하거나 모바일 응용 프로그램에 필요한 내비게이션 기능을 고려하여 사용자 인터페이스를 개발할 수 있도록 하는 기능도 가지고 있다.

사회학

이 영역에서 활동하고 있는 사회학자들은 HCI 영역에서 사회·기술적 측면에 관여한다. 사회적 상황에서 모바일 공학이 미치는 영향력에 대한 사회학자들의 연구는 지속적으로 증가하고 있다. 예를 들면, Ling(2002)은 공공장소에서 휴대전화 사용의 사회적 영향력에 대한 연구를 수행한 바 있다. 이 연구를 통하여 그는 식당과 같은 공간에서의 휴대전화 사용이 환대받지 못하는 것으로 인식되고 있다는 사실을 발견하였다. 이러한 인식 형성은 휴대전화 사용자 근처에 있는 사람들이 자신의 의지와 상관없이 다른 사람의 대화 내용을 도청하는 것 같은 느낌을 어느 정도 받기 때문이다.

사회학자들은 사회과학(관찰연구나 민족지학)에서 활용되고 있는 연구 방법이나 기법 중에서 모바일 장치와 응용 프로그램의 설계와 평가에 활용될 수 있는 것들을 제공한다. 모바일 HCI 연구에서 사회학이 어떻게 기여하고 있는지에 대한 사례는 6장에서 설명한다.

설 계

이 분야에서 일하고 있는 사람들은 인터페이스(예를 들어, 색이나

PDA의 스크린 위에서 글자나 그림의 위치 정하기 등)의 디자인 레이아웃에 관심을 갖고 있다. 모바일 HCI 연구에서 이것은 중요한 영역인데, 제한된 스크린 공간은 거의 모든 모바일 장치의 공통적인 특징이기 때문이다. 그렇기 때문에 중요한 내용을 생략하지 않으면서도 모바일 장치의 주요 기능에 적합하도록 복잡한 정보를 단순화시키는 서비스나 응용 프로그램을 제공하는 것이 중요하다.

정보 시스템

이 분야의 사람들은 조직론적 관점이나 관리의 맥락에서 어떻게 사람들이 정보나 기술과 상호작용하는지에 관심을 갖고 있다. 조직론적 맥락에서 정보 시스템 전문가와 연구자들은 모바일 공학과 응용 프로그램을 활용함으로써 보다 효과적으로 일상적인 활동을 수행할 수 있도록 만드는 방법에 관심을 갖고 있다. 만약 당신이 지리적으로 여러 곳에서 작업을 수행해야 하는 팀원을 데리고 있는 관리자라면, 일정을 조정하거나 물품을 제공하는 것과 같이 팀원들 간의 작업 활동을 조율해 주기 위해서 모바일 공학을 활용하는 것은 중요한 일이다. 모바일 근로자와 관련된 문제는 6장에서 더 세밀하게 다룬다.

모바일 근로자의 문제와 마찬가지로 국제화에 대한 측면도 고려되어야 한다. 예를 들면, 전 세계의 사람들이 휴대전화와 PDA를 통해서 인터넷에 접속할 수 있다. 결과적으로 서비스 제공업자들은 신앙, 사회적 가치와 같은 문화 간의 차이와 기술적인 섬세함의 정도를 고려해야 하는데, 이런 것들이 서비스 사용에 중요한 영향을 미칠 수 있다.

사용자에 대한 이해

모바일 HCI 연구 및 설계와 관련된 여러 학문 영역에서는 사용자의 요구를 확인하는 것이 항상 최우선 과제라는 점을 공통적으로 강조하고 있다. 물론 당신이 어떤 모바일 응용 프로그램을 사용한다고 하더라도 이와 같은 사용자의 요구나 필요를 즉각적으로 인식하지 못할 수도 있다.

모바일 장비

휴대전화

휴대전화 사용의 증가와 기술의 발달은 지난 10여 년의 기간 동안 다른 사람과의 의사소통에 가장 지대한 영향(인터넷을 제외하고)을 미친 요인일 것이다. 2003년에 국제전기통신연합(International Telecommunications Union: ITU)에서 발표한 자료에 따르면 휴대전화 가입자는 전 세계적으로 약 11억 6천 2백만 명인 것으로 나타나고 있다. 만약 이 정도의 수가 어느 정도 규모인지 가늠이 되지 않는다면 이런 식으로 생각해 보자. 휴대전화 가입자의 수가 유선전화 가입자의 수보다 많아졌다는 것이다.

1990년대 후반 선진국에서 휴대전화 사용을 촉진시킨 요인은 모바일 기술에 대한 사용 비용이 줄어들었기 때문이었다(Vaananen-Vainio-Mattila & Ruska, 2000). 게다가 무선 어플리케이션 프로토콜(Wireless Application Protocol: WAP)과 iMode와 같은 모바일 원격통신 기술공학의 발달은 사람들로 하여금 휴대전화를 통화용으로 사용할 뿐만 아니라 단문자 서비스(Short Message Service: SMS) 등을 사용할 수 있도록 했으며, 웹을 활용한 정보접속이나 이메일의 송수신도 가능하도록 했다.

이렇게 WAP 기능이 가능한 휴대전화가 개시되었지만 사람들이 줄을 서서 살 정도의 열기를 이끌어 내지는 못했다. 여기에는 몇 가지 이유가 있다. WAP 기술을 적용해서 인터넷에 접속하려면 다이얼 호출방식으로 모뎀접속을 해야 하는데, 이것은 사용자 수요 확보에 부정적인 영향을 미쳤다. 왜냐하면 이런 방식은 종종 느리고 귀찮은 과정으로 인식되었기 때문이다(비용 요인에 대한 것은 언급하지 않겠다). 그리고 iMode(원래 일본에서 개발되었다)를 사용하면 안정적으로 인터넷에 접속할 수 있기 때문에 WAP 기능은 큰 호응을 받지 못했다. 일단 사람들이 WAP를 통해서 인터넷에 접속하면 텍스트 버전으로 되어 있는 정보나 제한적인 선택(예, 스포츠 헤드라인, 뉴스와 날씨 등)만 할 수 있는 최소한의 정보 양식에만 접근할 수 있었다. 게다가 서비스 제공 업체는 휴대전화의 화면 크기를 거의 고려하지도 않은 듯했고 전화기의 제한된 기억 용량이나 정보 제시 양식도 고려되지 않았다.

그러나 이 과정에서 한 가지 중요한 사회현상이 나타났는데 바로 SMS에 대한 선호였다. 영국에서 나타난 문자 메시지에 대한 인기 현상은 휴대전화 서비스 업체도 놀랄 지경이었다. 초기에는 10대들에 의해서 주도되었으며, SMS는 친구들과의 사회적 관계를 유지하기 위한 기본적인 방식이 되었다(Ito, 2001; Taylor & Harper, 2002). 이제는 나이 든 세대들도 일반적으로 SMS를 사용하고 있다. 심지어 10키짜리 키패드로 입력하기 어려운 문자의 입력을 돕기 위하여 SMS용 언어까지도 개발되었다.

이러한 성공에도 불구하고, 휴대전화는 아직까지도 극복해야 할 도전과제를 지니고 있다. 장비 자체의 짧은 배터리 수명, 수신불가 지역의 문제, 어떻게 하면 내용 손실 없이 사용자들의 작은 스크린으로 정보를 보낼 것인지의 문제, 글자 형식의 데이터를 숫자 패드로 되어 있는 장치에 어떤 방식으로 입력시킬 것인지의 문제 등이다. 그렇지만 근래 들어 3G 기술을 활용함으로써 이런 문제의 해결이 가능할 것으로 보이며, 더 나은 인터넷 접속이나 멀티미디어 서비스도 가능해질 것이라는 전망이다. 3G 기술을 모바일 장비와 응용 프로그램 개발에 적용하는 문제에 대한 논의는 8장에서 다룬다.

PDA

PDA 혹은 포켓용 PC(handheld PC)로 알려진 이 장비는 원래 개인용 전자수첩의 용도로 개발되었다. 이런 장비들은 일반적으로 일정표(강의 시간이나 지도교수와의 약속과 같은 정보를 보관하는 기능), 주소록, 업무 목록 등으로 구성되어 있다. 최근에는 워드와 같이 일반적인 데스크톱 PC에서나 가능했던 기능을 제공하고 있으며, 인터넷 접속, 웹 검색, 이메일 기능을 제공하고 있다. 이런 기능들은 LAN 케이블을 통해 네트워크로 연결되어야만 가능했던 것이다. 그렇지만 이제 PDA는 (단거리 이내에서) 장치 간에 데이터를 전송할 수 있는 무선 통신 능력도 갖게 되었다.

Palm OS, 마이크로 윈도우즈 모바일, 심비안(Symbian)과 같은 몇 가지 PDA용 운영체제가 있다. 그런데 이 운영체제들은 서로 다른 특징을 갖고 있다. Palm OS는 키패드 입력장치보다는 스타일러스 입력장치 위주로 작동하도록 설계되었다. 또한 탈착이 가능한 키보드를 사용할 수 있도록 개발되었다. 그렇지만 이런 키보드는 PDA를 사용하는 역동적인 모바일 환경에서는 그다지 유용하지 않은 것으로 보인다.

PDA도 휴대전화처럼 몇 가지 단점을 갖고 있다. 즉, 배터리의 짧은 수명과 메모리의 제한된 용량이 문제가 될 수 있다. 어떤 사람들에게는 스타일러스로 입력한 필기체를 시스템이 정확하게 인식할 수 있도록 하기 위해서 시간을 들여야 하는 것이 오히려 시간 낭비(어렵다는 뜻이 아니라)라고 생각될 수도 있다.

노트북

노트북은 기본적으로 데스크 톱 PC와 동일한 기능을 갖고 있으며 오늘날 많은 사람이 사용하고 있다. 기차여행을 할 때, 사람들이 노트북을 사용하는 것은 더 이상 낯선 풍경이 아니다. 또한 대학생들이 교정에서 노트북을 사용하는 것도 흔한 장면이다. 그렇기는 하지만 노트북을 모바일 환경에서 사용한다는 것은 다소 성가신 일이기도 하다. 노트북 중에는 부피가 큰 것도 있고 항상 케이스에 보관해야만 하는 경우도 있다. 게다가 노트북도 배터리 수명이 짧다는 문제를 갖고 있다. 휴대전화나 PDA 장치와 달리, 당장 급하게 노트북을 사용해야 하는 경우에 호주머니를 뒤져서 꺼내듯이 노트북을 꺼내거나 켤 수 있는 것은 아니다. 또한 운영체제나 응용 프로그램이 구동될 때까지 기다려야만 한다. 게다가 노트북을 사용하기 위해서는 옆에 앉아 있는 사람에게 양해를 구하고 공간을 확보해야만 한다.

최근의 노트북 시장에서는 이러한 기술적이고 물리적인 제한점을 극복하기 위한 개발이 진행되어 왔다. 이러한 개발에 힘입어 태블릿 PC가 시장에 선보이게 되었다. 현재까지는 두 종류의 태블릿 PC가 유통되고 있다. 첫 번째 것은 '컨버터블형 태블릿(convertible tablet)'인데 키보드는 탈착형으로 운용된다(또는 키보드를 사용하지 않을 때에는 접을 수 있다). 두 번째 유형은 '슬레이트형 태블릿(slate tablet)'인데 키보드가 없기 때문에 컨버터블형보다 약간 더 얇다. 슬레이트형 태블릿을 사용하기 위해서는 사용자가 스타일러스 펜을 화면에 직접 사용해야 한다. 컨버터블형(이름에서도 그 기능을 유추해 볼 수 있지만)도 스타일러스 펜을 통해 입력할 수 있다. 이 두 유형의 태블릿은 같은 크기이며, 일부 PDA처럼 무선 기술을 활용하여 인터넷이나 다른 네트워크에 접속할 수 있다. 과연 오늘날 태블릿 PC는 어느 정도 성공적이라고 볼 수 있을까? 현재로서는 이 기술이 상당히 느린 추이를 보이고 있기 때문에 당장 답변하기는 어렵다. 아마도 이런 현상은 가격 때문(태블릿 PC의 가격은 일반적으로 노트북보다 비싸다)이거나 사람들이 하이브리드 장치가 개발되고 널리 활용될 때까지 기다리고 있기 때문인지도 모르겠다.

하이브리드 장치

하이브리드 장치는 본질적으로 PDA와 휴대전화를 조합해 놓은 것으로, 모바일 커뮤니케이션을 증진시키고 효과적인 모바일 장치를 만들기 위하여 고안되었다. 이러한 경향은 두 가지 범주로 구분해 볼 수 있다. 첫 번째 범주는 '스마트폰'이라고 알려진 것이다. 이 범주의 좋은 사례가 Nokia의 커뮤니케이터 9500이다. 이 장치는 무선 연결 기능, 이메일 내려받기 기능, 표준 키보드를 갖추고 있다. 제조업자 사이에서 이 장치는 생김새 때문에 '벽돌'이라고 불리고 있다. 그렇기는 하지만 무선 연결 기능은 이동하면서도 이메일을 사용하거나 인터넷을 하고 싶어 하는 사람들에게 큰 보너스가 아닐 수 없다(무선 네트워크 연결만 있으면 가능하다).

하이브리드 장치의 두 번째 유형은 PDA에 더 가까운 형태다. 이런 유형의 좋은 예는 '블랙베리(Blackberry)'다. 이 장치는 이메일 사용을 위해서 개발된 것으로 사무실 밖에서도 이메일을 점검하고 싶은 비즈니스맨들에게 매우 인기가 높다. 표준 키보드를 갖고 있어서 상대적으로 사용하기 쉽다. 이 장치는 미학적으로 봤을 때 그리 세련된 외양을 가지고 있지는 않지만, 사용자들이 손쉽게 이메일에 접속할 수 있도록 해 준다. 이런 유형의 장치에 대한 또 다른 예로는 'Palm Treo 600'을 들 수 있다. Palm 운영체제로 작동되며 사용자들은 PDA의 모든 기능을 그대로 쓸 수 있고 휴대전화로도 사용할 수 있다. 그러나 블랙베리와는 다르게 터치스크린과 디지털카메라 기능을 갖고 있다. Treo의 표준 키보드는 블랙베리보다 약간 작고 더 촘촘하다.

네트워크 접근성

모바일 기술의 적용을 위하여 일반 패키지 서비스(General Package Service: GPS)나 일반 패키지 무선 서비스(General Package Radio Service: GPRS)와 같은 기술적인 발전이 이루어졌는데, 이런 기술 덕분에 사용자들은 역동적인 환경(기차나 카페와 같은 공공장소)에서 모바일 장치를 활용할 수 있다. 게다가 무선 로컬 네트워크(Wireless Local Area Networks: WLAN)는 노트북 사용자나 PDA 사용자가 건물 안으로 이동을 해도 여전히 네트워크 연결을 유지시켜 준다. 요즘 출시되는 대부분의 노트북은 흔히 WiFi라고 알려진 기능을 수행할 수 있도록 WLAN 카드를 장착하고 있어서, 일단 사용자가 수신지역 이내에만 있으면 인터넷에 연결할 수 있도록 되어 있다. 이런 지역을 '핫스팟'이라고 하는데, 거리의 벽 등에 특정한 표시를 하도록 해서 사용자들이 WiFi 연결을 할 수 있는 기회를 제공하고 있다. 그리고 또 다른 형태의 기술이 '블루투스(Bluetooth)'인데, 이것은 근접해 있는 장치끼리 서로 상대방의 정보를 주고받을 수 있도록 하는 것이다. 블루투스는 장치에 들어가 있는 마이크로칩의 이름이며, 이것은 근접한 영역에서 장치들끼리 소통할 수 있는 무선 링크를 형성할 수 있다. 이 기술은 음성 기반의 응용 프로그램에서 매우 인기가 높고, 사용 전력도 낮은 편이다(모바일 사용자에게는 항상 중요한 요인이다). 한편 모바일 사용자의 편의성을 높여 줄 것으로 기대되고 있는 차세대 기술은 3G이다(8장에서 논의된다).

이 책의 구조

이제까지 모바일 HCI와 관련된 학문 영역을 간단히 소개하였고 현재 활용되고 있는 다양한 형태의 모바일 장치와 기술공학에 대하여 논의하였다. 이 책의 나머지 장에서는 다음과 같은 내용을 다루고 있다. 2장에서는 개인차에 대하여 다룬다. 성격, 인지 능력(기억, 공간 능력, 언어 능력 등), 나이, 모바일 기술에 대한 경험과 같은 사용자의 특성에 초점을 맞출 것이다. 어떻게 이런 특징들이 모바일 응용 프로그램이나 장치에 대한 사람들의 태도에 영향을 미치는지를 보여 줄 것이다. 덧붙여 나이와 같은 개인 변수는 사람들이 모바일 응용 프로그램을 얼마나 효율적으로 사용할 수 있는지에 영향을 미칠 수 있다.

3장에서는 모바일 HCI 연구를 수행할 때 사용할 수 있는 일반적인 연구 방법을 소개하였다. 여기에서는 실험실 상황처럼 통제된 실험에서부터 카페나 식당과 같은 공공장소에서 휴대전화 사용에 대한 사람들의 반응에 대한 관찰연구에 이르기까지 다양한 연구 방법을 다루고 있다. 5장에서는 인지적 시연(cognitive walkthrough)과 발견적 분석(heuristic analysis)이라는 구체적인 HCI 연구 기법을 논의한다. 4장과 5장에서는 논의된 방법이나 기법을 어떻게 활용해야 하는지에 대한 단계별 지침을 제공한다.

5장에서는 모바일 응용 프로그램과 장치의 설계에 대한 쟁점에 대해 다룬다. 이 장은 모바일 제품을 개발할 때 인간중심설계(Human-Centered Design: HCD)의 중요성과 인간중심설계를 위한 단계와 관련된 논의부터 언급한다. 그런 다음에 모바일 응용 프로그램을 개발할 때 꼭 알고 있어야 하는 설계 원리를 소개한다. 또한 인간중심설계에 활용될 수 있는 자료 수집 기법을 적용하려면 어떤 조건을 충족시켜야 하는지도 설명하고 있다. 이 장은 오즈의 마법사 기법, 지필형 프로토타입, 모바일 에뮬레이터와 같은 주요 모바일 프로토타입의 개발 기법을 설명한다.

6장은 공공장소에서의 모바일 장치 사용에 대한 사회적 사용성(social usability)에 대하여 논의하고 있다. 휴대전화와 같은 모바일 장치들은 공공장소에서 우리의 행동이나 태도 형성에 중요한 영향을 미치고 있다. 6장은 이런 분야의 연구 사례를 소개하고 공공장소에서의 휴대전화 사용에 대해서 우리가 어떤 방식으로 반응하는지에 대한 몇 가지 설명을 제시한다.

7장에서는 모바일 HCI 연구를 수행하기 위한 연구 절차를 소개하고 있다. 여기에서는 종종 무시되어 왔지만 중요하게 다루어야 할 연구 윤리에 대해서도 현장 연구의 관점에서 논의하였다. 또한 이 장에서는 연구에 필요한 선행연구를 인터넷으로 검색하는 방법과 연구 결과를 어떻게 제시할 것인지에 대한 조언을 제공한다. 그리고 참고문헌 인용 방식과 일반적인 프레젠테이션 방법에 대한 지침도 포함하고 있다.

8장은 자료 분석에 대한 주제를 다루고 있다. 연구를 수행할 때, 수집한 자료에 대한 분석과 해석이 중요하다. 이 장에서는 3장에서 논의된 자료 수집 방법에 근거하여 자료의 분석을 어떻게 해야 하는지에 대한 사례를 제공할 것이다. 또한 이러한 기법을 활용하기 위한 단계를 제시하며, 이러한 단계를 따라감으로써 자료를 분석하는 데 적합한 통계적인 방법을 결정하는 것이 왜 중요한지를 이해할 수 있게 될 것이다. 만약 자료를 평가하기 위하여 잘못된 통계 방법을 사용한다면 연구의 결론 또한 오류가 되기 때문이다.

마지막 장인 9장에서는 모바일 장치와 응용 프로그램에 대한 미래의 개발 영역에는 어떤 것들이 있는지 살펴본다. 여기에서는 모바일 장치를 통하여 접속할 수 있는 오락 서비스(예, 실시간 축구경기)와 같이 3G 기술이 가지고 있는 잠재적인 이점은 무엇이며, 현재 사용하고 있는 것보다 어떻게 하면 개별 사용자의 특성을 더 잘 반영한 장치를 만들 수 있을 것인지에 대해 논의한다(예, 노인들은 키패드의 버튼 크기가 작아서 키패드로 입력하는 것이 쉽지 않기 때문에 이와는 달리 음성 입력 방식을 활용할 수 있을 것이다). 그리고 이 장은 사용자의 맥락과 관련된 정보에 접속할 수 있는 위치 기반 서비스 개발에 대해서도 논의한다(예, 여행자 정보 안내). 이 장에서는 모바일 HCI 연구자들이 실험실 기반의 연구 방법에 의존하는 것에서 벗어나 사람들이 모바일 장치나 응용 프로그램을 효율적이고, 효과적이며, 만족스러운 방법으로 사용할 수 있도록 해 주는 사용 맥락이 무엇인지에 대하여 이해할 수 있도록 기술할 것이다.

마지막으로, 각 장의 끝에는 요약 및 본문에서 인용된 참고문헌 목록이 제시되어 있다. 추가적인 읽을거리를 제공하여 각 장에서 논의된 문제에 대한 심층적인 이해를 도모할 수 있도록 한 것이다. 또한 자기 점검 목록을 포함하여 어떤 내용이 중요한 주제였는지를 상기하도록 하였다. 스스로 풀어 볼 수 있도록 연습문제도 제시하였다. 이런 것들은 각 장에서 논의된 주제들을 잘 이해할 수 있도록 돕기 위한 것들이다. 이를 통해서 자기만의 모바일 HCI 연구 과제를 구성할 수도 있을 것이다.

참고문헌

Coolican, H. (2000). *Research Methods and Statistics in Psychology.* Hodder and Stoughton.

Ito, M. (2001). Mobile phones, Japanese youth, and the re-placement of social contact. In *Proceedings of Annual Meeting for the Society for the Social Studies of Science.* Cambridge, MA.

ITU (2003). Mobile cellular, subscribers per 100 people. http://www.itu.int/ITUD/ict/statistics Accessed 11.01.05.

Ling, R. (2002). 'The social juxtaposition of mobile telephone conversations and public spaces'. In *The Social Consequences of Mobile Telephones,* Kim, S.D. (Ed.). Chunchon, Korea.

Taylor, A., & Harper, R. (2002). Age old practices in the 'new world': a study of gift-giving between teenage mobile phone users. In *Proceedings of CHI 2002,* pp. 135-446. NY: ACM Press.

Vaananen-Vainio-Mattila, K., & Ruska, S. (2000). Designing mobile phones and communicators for consumers' needs at Nokia. In

Information Appliances and Beyond, Interaction Design for Consumer Products, Eric Bergman (Ed.). San Francisco, USA: Mogan Kaufmann.

읽을거리

Preece, J., Rogers, Y., Benyon, D., Holland, S., & Carey, T. (1994). *Human-Computer Interaction.* Addison-Wesley, Chapter 2, pp. 29-52.

제2장

사용자 특성

●●

이 장에서는 모바일 기기와 서비스에 대한 우리의 태도, 사용 방법 등에 영향을 줄 수 있는 개인의 특성을 살펴보고자 한다. 사용자 특성에 대한 연구는 모바일 정보 통신 기기의 설계자들이 제품을 개발할 때 반드시 알고 있어야 하는 부분이다(Chen et al., 2000). 개인의 특성을 반영하지 않고 누구에게나 맞는 프리사이즈의 옷을 만들어 내는 것과 같은 접근 방식을 적용하는 오류를 범할 수 있다. 이 장에서 모바일 기기를 사용하는 사람들의 요구를 살펴봄으로써 사용자들의 집단별 차이를 알게 될 것이고, 설계자들은 이를 바탕으로 많은 사람이 활용 가능한 모바일 제품과 서비스를 만들어 낼 수 있을 것이다. 또한 이 장에서는 사용자 특성을 살펴보고, 이러한 개인의 특성이 어떻게 모바일 기기의 사용과 지각에 중대한 영향을 미치는지를 논의한다.

제2장
사용자 특성

공간 능력

공간 능력(Spatial ability)은 개인이 공간 관계를 다루거나 공간적 과제를 시각화할 수 있는 능력이다. 강에 다리를 건설하기 위해 설계를 한다든가 하는 고차원적인 과제를 포함하여, 이동하면서 다른 물체에 부딪히지 않기 위해 움직이는 것 등이 모두 공간 능력을 요구하는 일이다. 일반적으로 공간 능력은 몇몇 하위 구성 요소로 이루어져 있다고 알려졌는데(Carroll, 1999), 이 중 Lohman(1989)의 공간 능력 3요소 이론이 가장 보편적이다. Lohman에 따르면, 공간 능력은 다음의 세 요소로 이루어진다고 한다.

- 공간 관계(Spatial relations): 이는 회전에 관련된 문제를 얼마나 빨리 푸는가에 관한 능력이다. 퍼즐 책에 있는 여러 종류의 문제가 이러한 예다. 예를 들면, 처음 본 모양을 180도 회전시켰을 때 어떻게 보이겠는가를 회전된 모형과 비슷하게 생긴 것들을 찾아내는 능력이다.

- 공간 지향성(Spatial orientation): 이것은 개인이 특정 공간에서 다른 사람과의 관계 속에서 자신을 지각하는 능력이다. 예를 들면, 다른 사람과 부딪히지 않게 피하는 능력이다. 모바일 HCI의 맥락에서는 휴대전화를 쓰면서 거리를 걸어갈 때 다른 사람을 피해서 갈 수 있는 능력이 이에 해당된다. 이 경우 사람들은 때때로 주변에 다른 사람이 있는지를 인식하지 못하고 전화를 쓰기도 한다.
- 시각화(Visualization): 이것은 지금 하고 있는 일을 시각화해 볼 수 있는 능력이다. 예를 들면, 휴대전화를 사용하여 현재 시내에서 상영하는 영화 검색을 할 때 전화기에서 찾아야 하는 메뉴의 위계를 시각화해 보는 능력이다.

이러한 공간 능력을 어떻게 측정할 수 있을까? AH4 일반지능 집단검사, Part2(Heim, 1972)와 같은 심리측정 도구를 활용하여 공간 능력을 측정할 수 있다. AH4는 66개의 선다형 질문으로 만들어진 문항지다. 문제 풀이 시간은 10분이며, 문항 난이도는 점차 어렵게 되어 있다. 이렇게 해서 얻은 점수를 그 사람의 공간 능력이라고 간주한다.

이것은 물체의 공간 관계를 조작하고 인식하는 능력으로서 HCI 영역에서는 수행을 예측하는 중요한 변인으로 인식되고 있다(Egan, 1988; Egan & Gomex, 1985). Vicente와 Williges(1988)는 위계화된 파일 구조 내에서 파일 검색에 걸리는 시간에 대해 실험하였는데, 우수한 공간 능력을 가진 사람들이 그렇지 않은 사람보다 훨씬 빨리 과제를 수행하였다. 또한 Vicente 등(1987)은 위계형 파일 구조 내에서 텍스트 검색에 대한 실험을 했다. 참가자의 특성을 분석한 결과에 따르면 공간 능력은 정보 인출의 강력한 예측 변인임이 발견되었다. 이러한 결과들은 공간 능력이 낮은 사용자는 우수한 공간 능력을 지닌 사람보다 방향감 상실을 경험할 확률이 높다는 사실을 보여 주는 것이다. Stanney와 Salvendy의 또 다른 연구(1995)에서는 공간 능력이 낮은 사람들은 그들이 사용하는 시스템을 시각적으로 표현하는 데 어려움을 겪고 있을 뿐만 아니라, 비효율적인 수행으로 연결된다는 사실을 발견하였다.

그렇다면 공간 능력이 모바일 기기와 서비스의 설계에는 어떻게 반영될 수 있을까? 모바일 기기는 주로 매우 작은 스크린을 가지고 있는데, 이것은 사용자들에게 제시하는 정보의 양에 영향을 줄 수 있다. 여행자들이 몇 단계로 구성된 메뉴를 가진 휴대전화나 PDA를 이용해서 여행 정보(극장 위치, 식당, 박물관 등에 관한 정보)를 찾으려고 할 때 어떻게 하면 그들이 쉽고 빠르게 원하는 정보를 찾을 수 있도록 모바일 기기를 설계할 수 있을까? 공간 능력과 일부 기기의 관계에 관한 연구 결과를 적용해서 생각해 보면, 모바일 기기의 경우 공간 지각력이 낮은 사람들은 서너 단계의 위계로 구성된 시스템을 시각화하는 데 어려움을 겪을 것이다. 그렇기 때문에 여러 단계로 구성된 메뉴가 제공되면, 메뉴의 수준을 이동하여 다른 관광 정보를 찾거나 하는 데 혼란을 느끼게 될 것이다. 게다가 모바일 기기는 주로 혼잡한 일상생활 환경 속에서 사용되므로, 사용자가 원하는 정보를 찾는 데는 더욱더 많은 환경적 방해 요소가 있다는 것을 기억해야 한다. 예를 들어, 사용자가 거리에 서 있다면, 교통 소음, 지나가는 행인(심지어 그들에게 부딪칠 위험도 있음) 등이 존재한다. 또한 모바일 기기의 사용을 위한 무선 통신 강도마저 낮다면 원하는 정보를 찾기 위해서 더 많은 시간이 걸릴 것이다.

성 격

또 다른 사용자 특성은 심리학자들이 매우 안정적인 개인의 특성이라 정의하고 있는 성격이다. 성격을 어떻게 정의할 수 있을까? 우리는 항상 어떤 사람들이 우리의 아군인지, 오만한지, 정치적인지 등에 대해 이야기한다. Atkinson 등(1983)은 성격에 대해서 다음과 같은 정의를 내렸다. 성격이란 개인이 환경에 적응하기 위하여 가지고 있는 생각의 유형 또는 행동의 패턴이다.

성격을 유형화하려는 시도는 기원전 400년 히포크라테스가 다혈질, 우울질, 점액질, 담즙질의 네 가지 기질로 사람을 분류하던 것에서 기원을 찾을 수 있다. 보다 최근의 학자인 Jung(1971)은 인간의 성격을 두 종류로 나눌 수 있다고 하였다. 하나는 내성적인 사람으로 수줍어하고 혼자 있는 것을 좋아해 주로 다른 사람과의 사회적 상호작용보다는 혼자 있는 것을 즐기는 부류다. 또 다른 한 부류는 외향적인 사람으로서 무리를 추구하고 집단 활동에 참여하는 것을 즐기는 사람이다.

이러한 집단에 대한 분류는 상호 배타적으로 서로 겹치는 부분이 없다. 그러나 성격에 관한 대안적 접근은 인간의 성격을 이처럼 이분법적이거나 항목별로 구분하기보다는 연속선상에서 나타나는 속성의 차이 정도로 간주한다. 결국 이러한 대안적 접근은 사람의 성격을 범주화하여 분류하는 방식이 맞지 않는다는 것을 가정함으로써 성격심리학자들에게 연속선상의 속성을 연구하는 길을 열어 주게 되었다(Carver & Scheier, 1992). 그러나 비교적 최근의 연구 결과에 따르면 성격의 기본 구조가 다섯 개의 구성 요소로 이루어져 있다고 합의하고 있다. Golberg(1981)는 이것을 Big Five라 명명하였다. McCrae와 Costa에 따르면(1987), 외향성, 친화성, 성실성, 신경성, 경험에 대한 개방성으로 분류할 수 있다. 공간 능력과 마찬가지로 심리학자들은 이러한 다섯 가지 속성의 측정을 위해서 검사를 개발하였는데, NEO Five Factor Inventory(신 5항목 문항지)가 그것이다. 이것은 개인의 성격을 측정하는 도구로 자기보고식으로 사용되며, 90개의 문항으로 이루어져 사람들에게 진술문에 대해 동의 또는 동의하지 않음으로 답하게 되어 있다. 다섯 개 속성에 대한 문항은 각 18개로 구성되어 있다. 일단 질문지가 끝나면 개인의 답을 다 합산하여 각 속성별 개인 점수를 계산하게 된다.

지금까지 성격을 어떻게 측정하는지를 살펴보았다. 이제 이렇게 측정된 성격에 따라서 ICT 활용이 어떻게 달라지는지 살펴보자. Morgan과 Macleod(1990)는 성격이 인터페이스 유형(직접적인 조작 인터페이스와 명령문을 쓰는 방식의 인터페이스)의 선호에 미치는 영향에 관해 연구하였다. 이 실험에서 연구자들은 명령문 인터페이스 집단과 그래픽 인터페이스 집단으로 실험 참여자들을 나누어 과제를 수행하게 하였다. 우선 기본 성격 검사지를 통하여 피험자들의 성격을 검사하였다. 실험 결과는 성격 유형과 특정 인터페이스 선호에 별다른 차이가 없는 것으로 나타났다. 두 집단 간의 과제 수행 결과에 유의미한 차이가 없었고, 성격 유형과 특정 인터페이스 선호에도 차이가 없었다. 성격 유형에 따른 수행을 예측하고자 했던 사전 연구들도 성격과 수행 간에는 매우 낮은 상관이 있음을 지적하고 있다 (Koubek et al., 1985).

그러나 성격이 시스템에 대한 지각에 영향을 준다는 연구도 있다.

예를 들면, Turkle(1984)은 우리가 컴퓨터 시스템에 사람의 성격을 투사하는 경향이 있음을 밝혔다. 컴퓨터에 저장된 자료를 날려 버렸거나 예상치 못한 결과를 가져왔을 때, 사람들은 그 컴퓨터가 바보 같다고 화를 내는 것이 그 예다. 이러한 Turkle의 아이디어는 Reeves와 Nash(1999)의 연구에 의해 보다 분명해졌는데, 사람들에게 화면상에서 문자로 컴퓨터와 상호작용을 하게 한 후, 컴퓨터 시스템의 성격이 어떤 것 같은지 판단해 보라고 하는 일련의 실험을 실시하였다. 이 실험에서 참여자들은 화면상의 대화가 바뀜에 따라 컴퓨터 시스템의 성격을 다르게 지각하는 경향이 있었다. 게다가 실험 참여자들은 자신과 성격이 비슷하게 지각되는 컴퓨터 시스템과 상호작용하는 것을 선호하는 경향이 있는 것으로 나타났다.

음성 기기에 대한 사람들의 감정적 반응에도 주목할 필요가 있다. 특히, 오늘날 휴대전화에서 흔히 사용되는 음성 서비스에 관심이 있는 사람이라면 더욱 집중할 필요가 있다. 최근 많은 회사가 어떤 종류의 음성이 특정 서비스에서 적절한 이미지를 전달할 수 있는가를 연구하는 경우가 많다. 저자는 두 명의 동료 연구자와 함께 사람들이 음성을 듣고 그 대상의 성격을 어떻게 지각하는지에 대한 연구를 수행하였는데, 이때 한 조건에서는 기계 음성을 사용했고, 다른 조건에서는 사전에 녹음된 여성의 목소리를 사용하였다(Love et al., 2000). 연구 결과에 따르면, 사람들은 사전에 녹음된 여성의 음성과 비교했을 때 기계 음성에 대하여 동조를 잘 안 할 것 같다거나, 덜 양심적일 것 같다 식의 부정적 성격으로 인식하는 경향이 있었다. 이러한 결과가 의미하는 바는 자동화된 휴대전화 음성 서비스 때문에 사용자가 앞으로 그 시스템을 더 이상 사용하지 않을 수도 있다는 것이다. 예를 들면, 음성을 기반으로 하는 관광 정보 안내 서비스를 개발한다고 생각해 보자. 이 경우 개발자는 분명히 그 서비스를 활용하는 사람들에게 적합한 성격의 서비스를 제공하고 싶을 것이다. 사용자들은 도심에서 일어나고 있는 흥미 있는 볼거리를 신나게 안내해 줄 외향적 성격을 지니거나, 관광하기에 부적합한 곳을 솔직히 알려 줄 수 있는 양심적인 성격 특성을 가진 음성으로 관광 안내 서비스를 받고 싶을 것이다. 그러나 반대로 사용자가 폰뱅킹 서비스를 이용하는 경우라면 외향적인 목소리 톤으로 과잉 지출을 조장하고 계좌가 마이너스가 되는 것을 예측하지 못할 것 같은 은행 도우미의 음성이 선호되지는 않을 것이다.

성격과 휴대전화 사용에 관한 또 다른 흥미로운 점은 휴대전화에 대한 사용자들의 태도와 관련된 감성적인 측면이다. Fortunanti (2001)는 사람들이 다른 기기를 대할 때와는 달리 휴대전화를 다룰 때는 스스로를 카리스마 있는 존재라 생각한다고 주장한다. 이와 같이 사람들은 종종 자신들의 휴대전화에 성격을 부여하고, 의인화하는 경향이 있다.

비록 모바일 ICT에서 성격과 수행 간의 관계는 매우 약하다는 것이 전반적인 연구 결과지만, 이것을 다른 관점에서 해석해 볼 필요도 있다. 즉, 공공장소에서 휴대전화를 사용할 때 개인의 성격이 태도와 행동에 영향을 미칠 수도 있다. 기차나 식당에서 휴대전화를 사용하여 통화를 할 때 상대 통화자에 대한 반응 등을 통해서 우리는 그 사람의 성격을 판단해 볼 수 있다(이에 대해서는 6장, 휴대전화의 사용 맥락이라는 측면에서 보다 자세히 다루어 본다). 또 기차 안에서 누가 옆에 앉아 있음에도 불구하고 큰 소리로 기차여행 내내 떠들 수 있는 사람을 어떻게 설명할 수 있을 것인가에 대해 한번 생각해 보자.

기 억

심리학자들은 사람들이 장기기억과 단기기억(또는 작업기억)을 가지고 있다고 한다. 장기기억은 그 용량이 무한하며 우리가 오랫동안 정보를 저장하고 있는 곳인 반면에, 작업기억(단기기억)은 잠시 동안만 우리가 가질 수 있는 기억으로서 그 용량이 한정되어 있다. 작업기억에 관한 개념은 Baddeley와 Hitch(1974)에 의해 제안되었다. 그들은 수동적 개념의 '단기기억'이라는 용어를 능동적 정보 처리 과정이라는 의미와 시각 및 언어적 정보를 임시적으로 저장하는 기억이라는 의미의 '작업기억'이라는 용어로 바꾸어야 한다고 주장했다.

작업기억의 어떠한 측면이 개인의 모바일 기기의 성공적 사용에 영향을 미치는 것일까? 음성 기반으로 된 모바일 기기, 즉 휴대전화를 활용하는 경우에 경험하는 개인의 작업기억 한계를 한번 생각해 보자. 우리가 휴대전화로 영화 예매 서비스에 접속해 있다고 생각해 보자. 이 시스템에서는 하나의 정보 채널로 일련의 정보가 순서대로만 제시된다면, 우리는 그 서비스의 구성을 알기 위해 메뉴의 선택 요소, 위치, 위계 등을 외우기 위해 애를 쓸 것이다. 단일 채널인 음성 정보로만 순차적으로 제시되는 이런 정보는 작업기억의 상당히 많은 부분을 차지하게 된다(Tun & Wingfield, 1997). 앞에서 공간 능력을 설명할 때 지적한 것과 마찬가지로, 모바일 기기에서는 개발자들이 정보의 복잡성을 줄여서 작업기억의 인지 부하를 줄이고, 모바일 기기나 서비스를 사용할 때 경험하는 방향감 상실을 줄이기 위하여 각별히 신경을 써야 한다.

언어 능력

모두가 언어를 사용하고 있지만 어떤 사람은 다른 사람에 비해 언어를 사용한 의사소통 기술이 더 뛰어나기도 하다. 언어 능력은 구어와 문어에 관련된 종합적인 능력으로서 단어와 독해력 검사 등으로 측정할 수 있다(검사도구의 예: AH 일반지능 집단검사, Part 1, Heim, 1970). 언어 이해는 어휘 과정, 통사적 과정, 화용론적 과정의 하위 과정들을 포함하는 복합적인 과정이다.

- **어휘 접근**(Lexical access): 이것은 인식되는 단어의 문자열을 장기기억에 이미 저장되어 있는 템플릿과 대조하면서 무의식적으로(자동적으로) 처리하는 낮은 수준의 처리 과정이다. 즉, 자동화된(무의식적으로 이루어지는) 저차원의 처리 과정이다. 이렇게 인식되는 단어는 개념과 연결되지 않으면 이해될 수 없다.
- **통사-의미 분석**(Syntactic-semantic analysis): 일단 단어가 인식되면, 듣는 사람은 그 단어의 의미를 찾게 된다. 통사 규칙이란 각각의 단어가 그 표현에 있어서 어떻게 쓰이는지를 알아내는 규칙이다. 이것은 의미를 이해할 때 매우 중요한 부분이다. 예를 들면, William likes Julie가 Juli likes William과는 다른 뜻을 갖는 것과 같다. 의미론적 분석은 단어가 문장에서 어떤 의미로 쓰이는지를 그 단어의 품사를 통해서 아는 것이다. 예를 들면, William likes Julie와 Julie likes William은 똑같은 문장성분을 가진 문장이지만, 이 두 문장에서 William의 문장성분은 각각 다르다. 첫 번째 문장에서 William은 주어지만, 두 번

째 문장에서 William은 목적어다. 그래서 같은 William이라 할지라도 그 이름의 성분이 문장에 따라 달라지므로, 문장에서 William의 의미는 달라진다.

- **화용론적 하위 처리 과정**(Pragmatic sub-process): 이것은 개인에게 메시지의 의미를 해석하게 하는 것으로 개인의 이해력과 관련된 것이다. 예를 들면, Kenny saw the Campsie Hills flying to Glasgow라는 문장에서 Kenny가 영화 같은 것에서 Campsie Hill이 Glasgow 위를 나는 것을 인상적으로 봤다면 그는 Glasgow를 날고 있는 Campsie Hill이라고 해석할 수도 있을 것이다. 그러나 논리적으로 이 문장을 해석하자면 Kenny는 비행기를 타고 Glasgow로 가면서 Campsie Hill을 봤다고 하는 것이 더 보편적일 것이다.

이런 하위 처리 과정은 상호 의존적인 관계를 갖고 있다. 통사 분석은 어휘 분석에 기초해서 일어나며, 글에 대한 이해는 문장에 대한 이해를 통해서 발생한다.

그렇다면 언어 능력은 모바일 기기의 사용과 어떤 관계가 있을까? 모바일 환경에 대한 직접적인 연구 결과는 아니었지만 언어 능력이 수행을 잘 예측하는 변인은 아니라는 견해도 있다(Egan, 1988). 언어가 수행을 예측하는 변인이라는 연구 결과가 많은 것은 아니지만, Vincente 등(1987)은 위계화된 파일 구조를 찾는 과제에서 사용자들의 수행은 언어 능력과 밀접하게 상관이 있다고 보고했다. 한편 모바일 환경에 기반한 Love 등(1997)의 연구에서도 위계화된 자동 음악 목록 전화 서비스에서 언어 능력이 낮은 학습자의 수행은 우수한 언어 능력을 지닌 사람들보다 낮은 것으로 나타났다. 또한 시각적 인터페이스가 아닌 음성 기반의 시스템에서 언어 능력이 수행을 예측하는 강력한 변인이라는 점은 자주 보고되었다. 따라서 음성 기반의 모바일 서비스를 효과적으로 활용하기 위해서는 사용자의 언어 이해력이 높게 요구된다는 함의를 얻을 수 있다. 그러나 이것은 주로 시각적 정보에 의존하는 사람에게는 해당되지 않는 이야기다.

사전 경험

많은 HCI 연구에서 사전 경험은 시스템 활용 수행에 대한 중요한 예측변인으로 간주되고 있다(Egan, 1988). 사전 경험이란 특정 과제를 수행하기 위해 실제로 인터페이스를 얼마나 경험해 보았는지를 가리키는 것이다. 얼마나 많이 사용해 보았는지에 따라서 수행이 달라질 수도 있다는 것이다. 이것과는 반대로 영역 지식은 과제 영역과 관련된 지식과 기술을 말한다. 예를 들면, 능숙한 타자수가 그 기술을 활용하여 컴퓨터로 문서를 편집할 수 있는 능력 등이 이에 해당된다. 모바일 HCI에 있어서 이러한 연구는 어떻게 하면 일반 컴퓨터의 키보드를 치던 사람이 블랙베리(스마트폰)의 키보드나 PDA의 착탈식 키보드를 잘 쓸 수 있을까 하는 등으로 나타나고 있다. 그러나 HCI 연구에서 각 기기에 해당하는 영역 지식은 일반적으로 수행을 예측하는 변인으로서는 조금 덜 중요한 것으로 간주된다. 왜냐하면 이러한 영역 지식은 사용자들이 그 기기를 사용해 본 후에나 얻을 수 있는 것이기 때문이다(Egan & Gomex, 1985).

그렇다면 영역 지식에 대한 내용이 모바일 HCI에서도 적용될 수 있는가? 만약에 당신이 다른 회사의 제품으로 전화기를 바꾸었다고 생각해 보자. 아마 새로운 기기에 익숙해지는 데 일정 시간이 걸릴 것이다. 예를 들면, 어떤 휴대전화는 좌우이동식의 검색도구를 제공하지만, 어떤 기기는 좌우상하의 네 방향 검색 버튼을 제공하고, 또 어떤 경우는 검색 휠을 제공하기 때문이다. PDA 역시 상호작용을 위한 표준화된 인터페이스가 없다.

노인 사용자

공공장소에서 나이 드신 어른들이 휴대전화를 사용하는 것을 본 적이 있는가? 또는 나이 드신 노인층을 대상으로 하는 휴대전화 광고를 본 적이 있는가? 노인들이 공공장소나 사적인 장소에서 휴대전화를 사용하는 것을 본 적은 있지만, 노인을 대상으로 휴대전화를 광고하는 것을 본 기억은 없을 것이다. 당신이 생각하는 것보다는 많은 수의, 노인들(약 65세 이상)이 첨단 기술을 사용하고는 있지만, 설계자들은 이들의 요구를 고려하지 않는 경우가 많다. 따라서 이 절에서는 정보통신 기술 관련 제품과 서비스의 개발에서 노인들과 관련된 쟁점을 다룰 것이다.

노인들은 젊은 사용자들과는 다른 요구를 가지고 있으나, 제품 설계자들은 그들의 요구를 별로 고려하지 않는다. 그러나 HCI 연구자들은 이런 사용자들에 대한 사회적 · 법적 책임이 있음을 알아야 한다. 한 조사에 따르면, 개발도상국의 노인들 수는 점차 증가하고, ICT를 사용하는 노인들도 늘어나고 있는 추세라고 한다(ICM Research for Age Concern & Barclays, 2002). 이 조사에 따르면, 조사에 답한 노인의 65%가 휴대전화를 소지하고 일상적으로 사용하고 있다. Goodman 등(2003)의 또 다른 조사를 통해서도 65~74세의 조사 대상 노인 중 64%가 휴대전화를 일상적으로 사용하고 있는 것으로 나타났다. 그럼에도 불구하고 휴대전화 회사의 광고를 보면, 휴대전화의 서비스나 단말기의 설계는 명백히 젊은 층만을 대상으로 하고 있다.

이런 연구 결과들은 ICT 개발 관련 부분에서 노인층의 요구를 배제하고 노인을 개발 대상 우선순위에서 배제함으로써 많은 경제적인 손실을 볼 수도 있다는 사실을 지적한다. 경제적 손실 측면을 떠나서라도 노인들의 요구를 고려하지 않은 것은 법적으로도 저촉될 수 있다. 영국의 장애자 차별에 관한 법률(Disability Discrimination Act, 1995)에서는 모든 조직에서 장애를 가진 모든 사람이 활용할 수 있는 시스템을 만들 것을 권고하고 있다. 미국에도 이와 유사한 법이 있는데, 모든 사람은 제품이나 서비스의 사용에 있어서 차별을 받지 않아야 한다는 것이 그것이다(Americans with Disability Act: ADA, 1990).

각종 연구 결과에서도 노인 계층의 수는 증가하고 있지만 이들은 종종 기술 관련 제품의 설계 단계에서 고려되고 있지 않다고 지적되고 있다(Czaja & Lee, 2003). 왜 그러한가? Keates와 Clarkson (2002)에 따르면, 설계자들이 젊기 때문에 노인들이 가지고 있는 특별한 요구나 선호를 몰라도 젊은 층을 대상으로 기술 관련 제품을 설계한다는 것이다. Copper(1999)는 설계자들은 고의적이건 아니건 간에 제품을 개발할 때 그 설계가 누구를 위한 것인지를 구체적으로 언급하지 않는다고 지적했는데, 이것 역시 앞의 예와 같은 맥락에서 이해할 수 있다.

그렇다면 노인들의 요구와 선호는 무엇인가? 무엇보다 먼저 노령으로 인한 장애를 고려해야 한다. 인간은 나이가 들수록 근육의 퇴화로 이동 능력이 떨어진다. 이 때문에 노인들은 채널을 바꾸기 위해 일어나거나, 중앙난방 장치를 틀러 가거나, 비상시 (정원에서 넘어진 경우) 전화기를 사용하러 집 안으로 가기도 어려워진다. 또 나이가 들수록 청력이나 시력도 감퇴하기 시작한다. 이것이 의미하는 바는 무엇인가? 우선 눈이 나빠지면, 도서관이나 기차역 같은 공공장소에서 신문이나 다른 정보들을 읽기가 어려워진다. 우리도 시력이 나빠졌을 때 PC의 글을 읽거나, PDA 또는 휴대전화의 스크린을 보는 것이 얼마나 어려울지를 생각해 보자. 청력의 경우, 사람들은 청력을 점점 잃어 감에 따라서 언어를 통해 다른 사람들과 효과적으로 의사소통하는 능력도 잃게 된다. 이런 이유로 기차 시간표와 같은 정보를 이해하는 능력도 영향을 받게 된다. 이 밖에 고려해야 하는 점 중에는 기억에 관한 것도 있다. 사람들은 나이가 듦에 따라 기억력이 떨어진다. 따라서 사람들은 약을 챙겨 먹는 시간을 놓치거나, 집 안에서 물건을 어디에 두었는지, 집에 방범 신호는 켜 두었는지 등등을 잊어버리곤 한다.

신체적인 요구와 선호 이외에도 노인에게 기술 활용에 따른 이점은 잘 홍보되지 않고 있다. 이 장의 앞부분에서 말한 것처럼 제품의 설계와 마케팅은 젊은이들 위주다. 그러나 앞에서 언급한 두 설문 결과에 따르면 노인들 역시 정보통신 기술을 활용하며, 그중에서도 휴대전화를 가장 많이 사용함을 알 수 있다.

앞에서 노인들의 신체적 특성을 살펴보았는데, 이제는 ICT에 대한 노인들의 요구와 선호를 알아보자. HCI 분야에서 노인들의 요구를 충족시킬 수 있는 제품과 서비스를 개발하기 위해서는 효과적인 연구와 설계 방법을 적용하는 것이 중요하다. 적절한 제품을 개발하기 위해서는 다음과 같은 정보가 필요하다. 무엇을 위한 서비스인지를 직관적으로 알 수 있게 해 주는 구체적인 기능(스크린의 큰 글자, 단말기의 큰 버튼)에 관한 정보, 어떤 제품을 선호하는지에 대한 정보, 어떤 종류의 기술 개발이 그들에게 가정 내외의 삶의 질을 높일 수 있는지에 대한 정보 등이다.

그렇다면 어떤 종류의 연구가 이 분야에서 진행되고 있는가? 현재까지 모바일 기기와 노인의 관계를 분석한 연구는 거의 없다. 있다고 하더라도 스마트홈 기술이라는 명목으로 연구되었거나(Lines & Hone, 2004), 노인의 인터넷 사용과 인터페이스(Zajicek & Morrissey, 2001; Zajiwck & Hall, 2000)에 관한 연구가 전부다. 노인들의 요구를 충족시키기 위한 시스템을 개발하기 위해서는 설계자와 개발자 모두에게 적합한 설계 방법을 찾는 것이 중요하다. Gregor 등(2002)은 노인들과 젊은이들 사이의 신체적 · 시각적 · 인지적 특성의 차이가 크기 때문에 노인 사용자를 위한 설계 방법론을 신중하게 고려할 필요가 있다고 주장하였다. 노인들의 요구에 부합하기 위해서 그들은 사용자 위주의 포괄적 설계(user sensitive inclusive design)라는 새로운 방법론을 제안하였다. 이 설계 기법의 특징은 다음과 같다.

- 사용자 특성과 기능의 다양성
- 대표적인 사용자를 규정하고 활용한 설계 수행
- 맞춤형, 개인화, 적응적 인터페이스

사용자 위주의 포괄적 설계 방법이 노인의 휴대전화 사용에 관한 조사에 효과적으로 활용될 수 있을까? 다음의 몇 가지 의문점들에 대하여 보다 구체적으로 생각해 보자. Age Concern and Barclays의 설문을 통해서 알 수 있듯이 나이 든 사람들도 집 밖에서 활동을 많이 하고 모바일 기술을 많이 활용하고 있다. 이것이 노인들을 위한 모바일 기기 사용에 있어 함의하는 바는 무엇인가? 일반적인 ICT의 개발처럼 모바일에서도 노인들을 위한 설계는 잘 고려되지 않고 있다는 것을 알 수 있다. 휴대전화의 스크린은 아주 작으며, 키패드 버튼 역시 아주 작다는 것이 그 예다. 이것은 노인들로 하여금 작은 스크린에 있는 정보를 보기 어렵게 할 뿐만 아니라, 작은 키패드를 사용해서는 만족스럽고 효과적인 서비스의 이용도 어렵게 할 것이다.

게다가 모바일 기기를 활용하는 데 사용된 다양한 기법(예, 데스크톱 PC에서 쓰이는 메타포들)은 노인들에게 아주 생소하게 보일지도 모른다. 또한 노인들 사이에서는 신기술을 받아들이는 데 있어서 사회적 저항의 측면이 있을 수도 있다. 설계자들이 접하는 사회적 장애는 Goodman 등(2004)이 지적한 것처럼, 노인들은 단지 모바일 기기를 허울 좋은 어떤 물건이라는 관점에서만 본다는 점이다.

그러나 모바일 기기가 노인들에게 줄 수 있는 잠재적 이점을 생각해 보자. 대중교통 수단을 찾아본다든지, 길을 찾는다든지, 친구와 가족을 더 가깝게 연결하여 노인들을 보다 사회적으로 만든다든지 하는 등의 이점이 있다. 모바일 장비는 노인들에게 보다 잘 보호받고 있다는 느낌을 줄 수도 있는데, 노인들은 집이 아닌 곳에서나 집에 가기 어려운 위기 상황에서 단축버튼을 사용할 수도 있다. 또한 휴대전화나 PDA는 스마트홈 기능과 연동되어 집의 각종 기기를 통제하는 데 활용될 수 있는데, 집에 도착하기 전에 불을 켜고 물을 데우는 등의 일을 할 수도 있다.

지금부터는 노인을 위한 모바일 기기에 대한 연구를 살펴본다. Goodman 등(2004)은 보행자 내비게이션에 관한 연구를 하였다. 이 연구의 목적은 노인들의 약화된 인지 및 운동 기능을 고려한 보행자 내비게이션을 만드는 것이었다. 이 기기는 현재 위치와 목적지를 나타내는 이정표를 PDA와 같은 기기를 통해 지도 사진으로 보여주는 기능을 갖고 있다. 연구 결과에 따르면 노인들은 이 기능을 젊은이들보다 훨씬 선호하였다. 지도와 보행 내비게이션을 비교하는 실험을 보면 노인들은 보행자 내비게이션을 사용할 때 훨씬 빨리 목적지에 도착했다. 그러나 이와는 달리 젊은이들은 보행 내비게이션 기기를 사용할 때, 지도보다 그저 조금 빨리 목적지에 도착했을 뿐이었다. 이 연구가 의미하는 바는 무엇인가? 이는 노인들의 요구에 맞게 선택된 설계가 젊은 층에게는 맞지 않을 수도 있음을 보여 준다. 따라서 구체적인 사용자 집단을 고려한 맞춤형 설계 방법론이 필요하다.

일반적으로 노인을 위한 ICT 개발 연구는 학문적인 연구, 산업체의 제품 및 서비스 개발, 노인 공동체 대표 등의 협력관계가 중요하다. 이러한 협력관계를 통하여 노인의 요구에 맞는 ICT 설계와 연구 방법론에 대한 기본 틀을 제공해야 한다. 모바일 기기는 노인들의 삶의 질을 더욱 윤택하게 만들 것이다.

요 약

나이, 성격, 사전 경험과 같은 개인차가 모바일 기기에 있어서 사람들의 상호작용과 태도에 어떤 효과를 줄 것인지를 정의하고 연구하는 것은 복잡한 일이다. 따라서 설계자들과 개발자들은 모바일 기기의 사용자들이 매우 다양하다는 사실을 숙지해야 한다.

비록 대부분의 연구가 현재까지는 모바일 기기 이외의 것을 다루었으며, 개인차의 중요성을 증명할 만한 것도 많다. 우리가 여기에서 초점을 두어야 하는 것은 포괄적인 접근이다. 모든 사용자층(노인이나 신체장애자 등)의 요구는 매우 중요하며 설계과정에 반드시 반영되어야 한다. 모바일 HCI 연구에서는 특히 이들 집단을 중시해야 한다.

또 하나 고려해야 할 점은 개인화에 관한 아이디어다. 이미 우리는 벨소리 등으로 휴대전화를 개별화하는 예들을 보았다. 이 개념은 앞으로 사람들에게 모바일 인터페이스가 그들의 요구를 반영하고, 정보 서비스와 오락 서비스를 개인화하는 데 적용될 수 있음을 시사한다.

자 · 기 · 점 · 검

- 공간 능력
- 언어 능력
- 작업기억
- 심리측정 검사
- 개인적 특성
- 사전 경험

연 · 습 · 문 · 제

1. 당신이 새로운 모바일 위치 지각 여행 정보 안내 프로그램의 설계를 의뢰받았다고 하자. 이때 고려해야 하는 사용자의 특성은 무엇인가?

2. 사용자 기반 포괄적 설계 접근법을 사용하여 새로운 휴대전화 버스 시간 정보 서비스를 개발할 때, 65세 이상의 노인 집단을 위한 사용자 요건을 정의하여라.

참고문헌

Atkinson, R. L., Atkinson, R. C., & Hilgard, E. R. (1983). *Introduction to Psychology,* Harcourt Brace Janovich.

Baddeley, A. D., & Hitch, G. (1974). Working memory. In *Recent Advances in Learning and Motivation,* Bower, G. A. (Ed.). Academic Press: New York.

Chen, C., Czerwinski, M., & Macredie, R. (2000). Individual differences in virtual environments-introduction and overview. *Journal of the American Society for Information Science, 51*(6), 499-507.

Carroll, J. B. (1993). *Human Cognitive Abilities: a survey of factor-analytic studies.* Cambridge University Press, New York.

Carver, C. S., & Scheier, M. F. (1992). *Perspectives on Personality.* Allyn and Bacon.

Cooper, A. (1999). *The inmates are running the asylum.* SAMS Publishing, Indianapolis, IN.

Czaja, S. J., & Lee, C. C. (2003). Designing for older adults. In *Human-Computer Interaction Handbook,* Jacko, J. A., & Sears A. (Eds.), pp. 413-427. Mahaw, New Jersey.

Egan, D. (1988). Individual differences in human-computer interaction. In *Handbook of Human-Computer Interaction*, Helander, M. (Ed.). Elsevier Science Publishers: North Holland, pp. 543-568.

Egan, D. E., & Gomez, L. M. (1985). Assaying, isolating and accommodating individual differences in learning a complex skill. In *Individual Differences in Cognition,* Dillon, R. F. (Ed.). Academic Press: Orlando, pp. 173-217.

Fortunanti, L. (2001). The mobile phone: an identity on the move, *Personal and Ubiquitous and Personal Computing, 5*(2), 85-98.

Goldberg, L. R. (1981). Language and individual differences: the search for universals in personality lexicons. In *Perspectives in Personality,* Carver, C. S., & Scheier, M. F. (Eds.). Allyn and Bacon.

Goodman, J., Brewster, S., & Gray, P. (2004). Older people, mobile devices and navigation. *Proceedings of the Workshop on HCI and the Older Population,* Goodman, J., & Brewster, S. (Eds.), 7th September 2004 BCS HCI 2004, Leeds, UK.

Goodman, J., Syme, A., & Eisma, R. (2003). Age-old question(naire)s. *Proceedings of Include 2003,* UK.

Gregor, P., Newell, A., & Zajicek, M. (2002). Designing for dynamic diversity-interfaces for older people. In *Proceedings of the Fifth International ACM Conference on Assistive Technologies* (ASSETS 2002), Edinburgh, UK, 8-10 July 2002.

Heim, A. W. (1970). *AH4 Group Test of General Intelligence,* NFER, UK.

Hitch, G., & Baddeley, A. D. (1976). Verbal reasoning and working memory, *Quartely Journal of Experimental Psychology, 28*, 603-621.

ICM Research Survey (2002). www.icmresearch.co.uk/reviews/2002/it-internet-old-people.htm Accessed 12.01.05.

Jung, C. (1971). *Psychological Types.* Kegan Paul Harcourt Brace and Co.

Keates, S., & Clarkson, P. J. (2002). Defining design inclusion. In *Universal Access and Assistive Technology,* Keates, S. et al. (Eds.). Springer, Berlin, Heidelberg, New York.

Koubek, R. J., LeBold, W. K., & Salvendy, G. (1985). Predicting performance in computer programming courses. *Behavior and Information Technology, 4*(2), 113-129.

Lines, L., & Hone, K. S. (2004). Eliciting user requirements with older adults: Lessons from the design of an interactive domestic alarm system. *Universal Access in the Information Society, 3*(2), 141-148.

Lohman, D. F. (1989). Human intelligence: an introduction to advances in theory and research, *Review of Educational Research, 59*(4), 333-373.

Love, S., Foster, J. C., & Jack, M. A. (1997). Assaying and isolating individual differences in automated telephone services. *Proceedings of the 16th International Conference on Human Factors in Telecommunications* (HFT '97), pp. 323-330.

Love, S., Foster, J. C., & Jack, M. A. (2000). Health warning: use of speech synthesis can cause personality changes. *State of the Art in Speech Synthesis,* pp.14/1-14/8, IEE Publications, Savoy Place, London, UK.

McCrae, R. R., & Costa, P. T. (1987). Validation of the five-factor model of personality across instruments and observers. *Journal of Personality and Social Psychology,* 52, 81-90.

Morgan, K., & Macleod, H. (1990). The possible role of personality factors in computer interface preference. In *Second Interdisciplinary Workshop on Mental Models.* Robinson College, Cambridge.

Reeves, B., & Nash, C. (1999). *The Media Equation: how people treat computers, television, and new media like real people and places.* Cambridge University Press, New York.

Stanney, K., & Salvendy, G. (1995). Information visualisation: assisting low spatial individual with information access tasks through the use of visual mediator. *Ergonomics, 38*(6), 1184-1198.

Tun, P. A., & Wingfield, A. (1997). Language and communication: fundamentals of speech communication and language processing in old age. In *Handbook of human factors and the older adult,* Fisk, A. D., & Rogers, W. A. (Eds.). Academic Press, San Diego.

Turkle, S. (1984). *The Second Self: computers and the human spirit.* Granada Publishing.

Vicente, K. J., Hayes, B. C., & Williges, R. C. (1988). Assaying and isolating individual differences in searching a hierarchical file system. *Human Factors, 29*, 349-359.

Vicente, K., & Williges, R. (1988). Accommodating individual differences in searching a hierarchical file system. *International Journal of Man-Machine Studies, 29*, 647-668.

Zajicek, M., & Brewster, S. (2004). A new research agenda for older adults. *Special Issue of Universal Access in the Information Society.* Volume 3, 2 June 2004.

Zajicek, M., & Hall, S. (2000). Solutions for visually impaired people using the internet. *BCS HCI Sunderland 2000,* pp. 299-307.

Zajicek, M., & Morrisey, W. (2001). Spoken message length for older adults. *Proceedings of INTERACT 2001,* pp. 789-790.

읽을거리

Carver, C. S., & Scheier, M. F. (2003). *Perspectives in Personality* (5th ed.). Allyn and Bacon.

Eysenck, M., & Keane, M. T. (2000). *Cognitive Psychology: a student's handbook* (4th ed.). Psychology Press.

제3장

연구 방법

●●●

이 장은 HCI 관련 연구와 사용자 중심의 정보 체제 설계 및 개발에 필요한 연구 방법을 소개하기 위한 것이다. 이 장에서 모든 연구 방법을 심층적으로 살펴보지는 않았으며, 모바일 HCI 연구에 유용한 방법만을 중심으로 소개하는 데 초점을 두었다. 마지막에 있는 참고문헌과 읽을거리는 양적 · 질적 방법론에 관한 더 자세한 정보를 찾아보는 데 유용할 것이다. 각 연구에서 사용된 방법론이 때로는 유사하여 겹치기도 한다는 점을 미리 언급해 둔다.

제3장

연구 방법

연구 환경

모바일 연구는 실험실 환경과 실제 현장에서 진행될 수 있다. 현장 연구는 실제로 모바일 연구 분야에서는 잘 활용되고 있지 않지만, 현장성 높은 연구를 위해서 활용해 볼 수도 있다. 먼저 실험실 연구를 살펴보자.

실험실 연구

실험실 연구는 전통적인 모바일 HCI 연구 방법이다. 연구자는 실험 참여자를 실험실로 오게 한다. 그런 후 연구자가 세워 놓은 가설이 옳은지 그른지를 검증하기 위하여 환경을 통제한다. 실험실 연구는 참여자가 모바일 기기를 사용하면서 주어진 과제를 수행하는 데 어떠한 방해도 받지 않음으로써, 새로운 기술공학에 대한 참여자의 반응을 검증하는 데 매우 유용하다. 예를 들면, 연구자가 영화 목록 서비스를 제공하는 음성 인식 기반 인터페이스를 개발하는 데 관심이 있다고 하자. 연구의 목적은 사용자를 충족시킬 수 있는 최소한의 음성 인식 수준을 확인하는 것이다. 이 경우 연구자는 음성 인식의 정확성을 다르게 설정한 실험실 환경을 만들어 놓고 실험 참여자를 대상으로 실험을 실시한다. 그런 다음에 각 수준을 경험한 참여자에게 음성 인식 서비스에 대한 만족도를 조사함으로써 참여자가 가장 만족하는 음성 인식 수준이 어느 정도인지를 알 수 있다.

현장 연구

현장 연구를 하게 되면, 실험실에서 하는 연구처럼 모든 것을 통제하면서 실험을 할 수는 없다. 그러나 모바일 HCI 연구에서 현장 연구는 매우 효과적이다. 왜냐하면 모바일 기기들은 매우 역동적인 사회적 환경(카페나 열차 등)에서 활용되고 있기 때문이다. 모바일 연구에서 현장 연구는 실제로 그런 환경 맥락이 사람들의 모바일 기기를 활용하는 수행과 태도에 어떻게 영향을 미치는지를 직접적으로 알려 주기 때문에 매우 중요하다. 실험실 연구와 현장 연구가 다르기는 하지만, 연구자가 통제를 하고 있다는 점에서는 유사하다. 예를 들면, 관광 안내를 위하여 음성 기반 인터페이스로 개발된 휴대전화와 키패드 방식으로 개발된 휴대전화에 대한 사용자의 태도와 수행에 대한 연구가 있다고 가정해 보자. 이런 연구 상황에서는 시끄러운 장소에 있으면 음성 입력 장치가 제대로 작동하지 않기 때문에 잘못된 안내가 제공될 수도 있을 것이다.

실험 변인

실험에 사용되는 변인은 독립변인과 종속변인으로 구분된다. 독립변인은 실험에서 처치조건이 조작되는 변인이다. 내비게이션 유형(음성 인식 방식과 터치 방식)이 사용자가 지각하는 유용성에 미치는 영향에 대한 연구에서 내비게이션 유형은 독립변인이 된다. 종속변인은 독립변인에 영향을 받게 되는 변인이다. 즉, 독립변인 때문에 나타나는 결과라는 뜻이다. 앞서 살펴본 연구에서 내비게이션 유형에 따른 유용성이 이 연구의 종속변인이다.

그러나 실험에서는 하나 이상의 독립변인이 있을 수 있다는 것을 기억해야 한다. 예를 들면, 연구 주제가 입력 방식(음성 입력 방식과 키패드 입력 방식)과 메뉴 방식(위계적 메뉴와 관계적 메뉴)에 관한 것이라면 독립변인은 두 가지로 설정될 수 있다. 또한 종속변인 자체도 두 가지 이상이 될 수 있다. 이 실험에서는 사용자의 유용성에 대한 태도뿐만 아니라 주어진 과제를 수행하는 데 걸리는 시간 등도 종속변인으로 설정될 수 있다.

실험 설계

모바일 HCI에 관한 실험 연구를 수행하고자 한다면, 실험 설계의 유형을 이해하는 것이 중요하다. 그래야만 연구 목적에 맞는 실험 설계를 할 수 있기 때문이다. 다음에서는 모바일 HCI 연구를 수행할 때, 적용할 수 있는 여러 종류의 실험 설계를 소개한다.

반복측정 설계

반복측정 설계는 대응표본 설계(matched pair design)로 알려진 실험 설계 방법이며, 내집단 설계(within-group design)라고도 한다.

반복측정 설계는 하나의 참여자 집단이 실험의 다른 조건에 다시 투입되는 것을 말한다. 이전의 예를 들어 설명하면, 음성 인식 기반의 입력 장치를 가진 휴대전화를 썼던 집단이 다음에는 터치톤 방식의 입력 장치를 가진 휴대전화를 사용하는 방식으로 진행되는 실험 설계다. 이 경우에 통제 집단은 없다. 그러므로 음성 입력 장치를 사용해 본 사용자들은 나중에 터치톤 방식의 입력 장치가 주어졌을 때, 주어진 과제를 해결하는 데 훨씬 적은 시간을 소요할 것이다. 그런데 반복측정 설계의 단점은 시간의 순서에 따라 효과가 다르게 나타날 수 있다는 것이다. 이것을 순서 효과라고 한다. 순서 효과는 연습을 통해서 실험의 결과가 향상될 수 있다는 것이다. 특정 모바일 기기에서 장소 정보를 알려 주는 내비게이션 기법에 A, B 두 종류가 있다고 하자. 이 경우 사용자가 항상 A 기법을 먼저 사용하고 그다음 B 기법을 사용했다고 한다면, 둘 중 어느 내비게이션 기법이 더 낫다고 판단하기 어렵다. 왜냐하면 연습 요소가 포함되어 있기 때문이다. 이 경우 A 내비게이션 기법을 써서 주어진 과제를 하는 데 한 시간이 걸렸다고 하면, B 기법을 써서는 30분 만에 과제를 수행할 수 있을 것이다. 이와는 반대로, 연습을 통해서 아예 지쳐 버리는 경우도 나타나는데, 이것을 피로 효과라고 부른다.

그러나 이러한 순서 효과를 상쇄시킬 방법이 있다. 그것은 실험 참여자들에게 무선적으로 순서를 정해 주는 것이다. 어떤 사람에게는 A–B, 어떤 사람에게는 B–A의 순서를 제시하는 것이다. 또 실험의 시간이 길어져서 두 번째 것의 수행에 많은 사람이 피로를 느끼고, 제대로 하지 않는다면, 중간에 휴식시간을 주어 실험 참여자의 분위기를 바꾸어 주는 것도 하나의 방법이다.

독립표본 설계

독립표본 설계는 각각의 실험 조건에 서로 참가자를 투입시키는 것을 의미한다. 한 집단의 사람들에게는 음성 입력 장치 휴대전화를 주고, 다른 집단에는 터치톤 방식의 입력 장치를 가진 휴대전화를 주고 실험하는 것이다. 독립변인의 조건이 다르다고 해도 이들은 같은 종속변인을 가지고 측정한다. 이 설계 기법은 순서 효과나 피로 효과가 나타나지 않는다는 특징이 있다. 반면 이 설계법의 단점은 실제 실험에 중대한 영향을 미칠지도 모르는 피험자의 다양한 변인(나이, 성별, 사전 모바일 사용 경험 등)을 연구자가 통제할 수 없다는 것이다. 또한 이 설계 기법을 사용하여 시간 내에 연구를 하고자 한다면 비용과 시간적 노력이 많이 소요될 것이다.

대응표본 설계

대응표본 설계(matched-pairs design)는 특정 준거에 의해 피험자들이 짝지어져 있기 때문에 관련 설계(related design)라고도 부른다. 음성 입력 장치에 대한 태도와 터치톤 방식에 대한 태도를 비교하고 싶다고 가정해 보자. 사람들을 나이나 성별, 사전 휴대전화 활용 경험 등에 따라 짝을 지어 비교할 수 있다. 이 설계 방법의 장점은 순서 효과가 없고, 참여자의 변인(성별이나 나이 등)을 통제할 수 있다는 것이다. 그러나 참여자의 특성이 연구 결과에 일부 반영되어 나타난다는 단점이 있다. 첫 번째 팀의 참여자는 자발적인 성향을 가진 사람 집단이고, 두 번째 집단은 돈을 받고 들어온 집단이라고 한다면 그들이 보이는 반응은 서로 달라질 수도 있다.

외적 타당도와 내적 타당도

이 장의 앞부분에서부터 계속 예로 들고 있는 독립변인인 입력 방식의 차이(음성 입력 방식과 터치톤 방식)가 종속변인(휴대전화의 유용성 지각)에 미치는 영향을 생각해 보자. 연구의 결과를 설명할 때 "실험 참여자는 음성 입력 장치에 대한 편견이 있었기 때문에 터치톤 방식이 더 낫다고 지각했다."라고 말할지도 모른다. 이런 결론은 연구의 타당도를 떨어뜨리는 해석이다. 지금부터 연구가 내적으로나 외적으로 타당한가를 따져 보자.

- **내적 타당도**: 내적 타당도는 연구 결과를 잘못 해석할 수도 있는 연구 자체의 요소에 대한 것이다. 예를 들면, 공공장소에서는 주변의 소음 때문에 음성 입력 장치를 사용하지 않는 경향이 높다. 따라서 실험이 공공장소에서 이루어졌다면, 내비게이션 유형 때문이 아니라 환경적인 요인의 영향 때문에 종속변인의 결과가 달라질 수 있다. 이것은 이 연구의 내적 타당도를 위협하는 것이다.
- **외적 타당도**: 외적 타당도는 실험 결과를 일반화할 수 있는가의 여부와 관련된 것으로서 음성 인식 장치에 대한 사용 편리성의 결과를 다른 사람들에게도 적용시켜 해석할 수 있는가에 관한 것이다. 만약에 사람들이 거리나 카페와 같은 다른 장소에서도 음성 입력 장치 휴대전화를 여느 때와 똑같이 사용할 수 있을까? 이것이 바로 생태학적 타당도(ecological validity)다. 이 외적 타당도를 높이기 위해서는 후속 연구—다른 대상을 상대로

하는 연구 또는 보다 큰 집단을 대상으로 하는 연구 등—를 수행하는 것이 바람직하다. 이전의 실험 결과와 비교하여 설명함으로써 외적 타당도를 확보할 수 있다.

가설 검증

가설은 실험의 결과를 예측하는 것이다. 예를 들면, 사람들은 음성 입력 장치를 터치톤 입력 장치보다 더 좋아할 것이라고 예측하는 것이다. 비교되고 있는 독립변인 중에서 어떤 것이 다른 것보다 낫다고 보는 것을 단측 가설(방향성 가설)이라고 한다. 반면에 음성인식 장치와 터치톤 입력 장치에 대한 선호가 서로 다를 것이라고 방향성을 제시하지 않는 것을 양측 가설이라고 한다. 모든 실험 연구의 목적은 영가설을 기각하는 데 있다. 영가설은 사용자 간의 선호에 차이가 없다고 보는 가설이다. 영가설은 두 조건에 대한 차이는 단지 우연에 의해서만 발생한다고 보는 입장으로 독립변인과는 관계가 없다고 본다.

표집 기법

일반인을 대상으로 실험에 참여할 집단의 사람을 모으는 것을 표집이라고 한다. 연구의 목적에 따라서 표집의 방법은 다양한데, 연구자의 목적에 따라서 다양한 표집 기법을 적용할 수 있다. 여기에서는 꼭 알아 두어야 할 몇 가지 표집 방법을 소개한다.

표집의 편파성

앞서 설명된 바와 같이 연구는 반드시 내적 · 외적 타당도를 가져야 한다. 또한 연구자는 반드시 연구에 적용된 표집이 전체를 대신할 수 있는 사람인가 또는 외적 타당도를 갖추고 있는가를 확인해야 한다. 새로 개발된 음성 입력 장치 휴대전화의 사용성 평가를 위하여 심리학 수업을 듣는 학부 2학년 학생들만 대상으로 한다면 표집의 대표성을 확보하기 어렵다. 연구자는 새로운 기기 및 서비스의 대표적인 사용자와 실험 참여자를 동일하게 해 주는 것이 좋다.

이제는 어떻게 하면 보다 더 대표성을 띠는 표집을 얻을 수 있을지 알아보자.

무선표집

청소년을 대상으로 하는 음악 다운로드 서비스에 대한 연구를 수행한다면 15세 전후의 사용자를 표집하는 것이 적절할 것이다. 그러나 특정한 대상(15세 청소년)이 아니라 불특정 다수를 대표하는 표집을 선정하게 되는 경우에 활용할 수 있는 방법은 무선표집이다. 연구자가 공공장소에서 사용하는 휴대전화에 대한 일반 대중의 태도를 알아보는 경우가 이에 해당된다.

진정한 무선표집은 강의실을 방문하여 설문지를 해 달라고 하는 식으로 표집을 하는 것이 아니다. 또 전화번호부의 이름을 보고 대충 선정하는 것도 아니다. 사실상 진정한 무선표집을 하기는 어렵다. 연구자는 항상 연구의 참여자가 전체를 대표하는지에 대해 신경써야 한다. 그렇다면 어떻게 진정한 무선표집을 할 수 있을까? 현실적으로 완벽한 무선표집을 하는 것은 어려운 경우가 많다. 따라서 다음의 기법들에 주목할 필요가 있다.

유층표집

일정 수의 실험 참여자가 실제적으로 대상 집단을 대표할 것을 목적으로 하여 활용하는 표집을 유층표집이라 한다. 어떤 인심 좋은 휴대전화 회사가 대학생들에게 휴대전화로 캠퍼스 정보를 제공하는 무료 서비스를 제공하기로 결정했다고 가정해 보자. 연구자는 유층표집을 위해 다음의 것들을 해야 한다. 만약 캠퍼스 학생의 10%가 정보 체제 및 컴퓨터 공학과 학생이라면 연구의 대상이 되는 학생들의 10%는 정보 체제 및 컴퓨터 공학과 학생들이어야 한다. 즉, 200명의 학생을 표집했다면 이 중에서 20명은 정보 체제 및 컴퓨터 공학과 학생이 되어야 한다.

할당표집

할당표집은 기업의 마케팅 관련 연구에서 자주 활용되는 표집 기법이다. 거리를 걷고 있을 때 누군가 다가와서 간단한 인터뷰를 요청한 경험이 있을 것이다. 아마 그때 당신은 "왜 나에게 질문을 할까?"라고 생각했을 수 있다. 이런 경우는 18~20세 가량의 남녀 4명에게 각각 새로 나온 휴대전화 서비스가 어떤지에 대한 의견을 물어야 하는 경우라고 생각해 볼 수 있다. 할당표집에서는 그들의 연구 목적에 부합한다고 생각되는 사람을 대상으로 인터뷰하는 방식을 많이 취한다.

군집표집

군집표집의 원리를 설명하는 예를 하나 들어 보자. 연구자가 휴대전화를 통해 지역 정보를 제공할 수 있는 광대역 통신 기술의 상용화 가능성에 관심이 있다고 가정해 보자. 이 연구를 수행하기 위해서 광대역 통신 사용자 집단을 특정 기준에 따라서 분류하여 표집을 하는 것이 좋을 것이다. 군집표집은 거리별 인구 할당에 따라서 구성될 수도 있고, 도시의 특정 지역별 인구 밀도에 따라서 구성될 수도 있다. 군집표집은 연구 대상자를 모으는 시간과 노력을 줄일 수 있다.

기회표집

학생들이 학기말 과제로 3G 휴대전화 서비스를 위한 내비게이션 장치 설계를 하고 있다고 할 때, 이 학생을 휴대전화 서비스 연구를 위한 표집으로 활용할 수도 있다. 이름에서 드러나듯 기회표집은 연구자가 가장 쉽게 구할 수 있는 사람을 연구의 대상으로 정하는 표집 방법이다. 그러나 연구자가 기회표집 방법을 사용할 때에는 내적 · 외적 타당도와 표집의 편파성 등에 있어서의 약점을 반드시 알아야 한다.

표집 크기

표집 크기의 결정은 HCI 분야에서 논쟁의 여지가 있는 주제다. Jakob Neilson(1993)과 같은 사용성 평가의 전문가는 사용성 검사를 위해 5~10명의 피험자를 대상으로 인터페이스의 문제점을 밝히는 사용성 검사를 하였다. 그러나 Coolican(2000)과 같은 사람들이 쓴 연구 방법론 책에 의하면, 앞서 소개한 연구처럼 입력 장치 유형(음성 입력 장치와 터치톤 입력 장치)과 같은 독립변수의 영향을 알아보기 위해서는 이상적으로 30명 이상의 피험자를 활용해야 한다고 한다. 이 정도의 수가 확보되어야 실험에서 변인의 진정한 효과를 검증할 수 있다고 주장한다. 만약에 이 정도의 인원으로 실시한 실험에서 두 입력 장치에 따른 사용자의 태도가 차이를 보이지 않는다면, 왜 그러한 결과가 나왔는지에 대한 답을 할 수 있어야 한다. 주어진 과제가 도전적이지 않아 참여자들로 하여금 각각의 입력 장치 장점을 대조할 수 없었던 것은 아닌지, 혹은 사용자들이 모바일 장치에 매우 익숙해서 두 장치 중 어느 것을 사용해도 편하게 반응한 것은 아닌지 등을 구체적으로 설명해야 한다.

자료 수집 방법

이 절에서는 자료 수집을 위한 다양한 방법을 소개할 것이다. 이 중에는 다른 연구 영역에서 흔히 사용되는 설문지 설계와 HCI 연구 영역에서만 주로 활용되는 보다 다양한 연구 방법(예, 인지적 시연 등) 등을 다룰 것이다.

설문지 설계

설문지는 HCI 영역에서 자료 수집을 위해 활용되는 보편적인 도구다. 설문지는 사람들이 사용해 본 서비스(음성 입력 장치와 터치톤 입력 장치)에 대한 태도에 관한 자료를 수집할 때 활용하기 좋은 방법이다. 설문지는 시스템 설계 단계의 한 부분으로서 요건 정의(requirement gathering)를 할 때 자료 수집을 위해서 활용될 수도 있다. 또한 연구자는 설문지를 통하여 사실적 정보를 얻을 수도 있는데, 특정 기술을 사용해 본 경험이 있는지를 묻는 것 등이 그러한 예다. 또 연구의 독립변인이 휴대전화 사용 경험이라면, 휴대전화의 소유 여부를 묻기 위하여 설문지를 활용할 수도 있다.

척도 설문지 HCI 연구에서 가장 많이 활용되는 설문지 유형은 척도를 활용하는 것이다. [그림 3-1]은 척도 설문지의 예시다. 연구자는 휴대전화로 제공되는 자동화된 영화 목록 서비스에 대한 참여자의 태도를 알기 위하여 설문지의 각 항목에 답하라고 할 수 있다.

[그림 3-1]은 리커트 척도(Likert, 1932)의 예를 보여 준다. 여기에

1. 자동화 영화 정보 서비스는 사용하기가 쉽다.

□	□	□	□	□
매우 그렇다	그렇다	보통이다	그렇지 않다	전혀 그렇지 않다

2. 자동화 영화 정보 서비스를 활용하던 중 방향감을 상실했다.

□	□	□	□	□
매우 그렇다	그렇다	보통이다	그렇지 않다	전혀 그렇지 않다

3. 나는 자동화 영화 정보 서비스를 다음에도 또 사용하고 싶다.

□	□	□	□	□
매우 그렇다	그렇다	보통이다	그렇지 않다	전혀 그렇지 않다

4. 나는 자동화 영화 정보 서비스가 친절하다고 생각한다.

□	□	□	□	□
매우 그렇다	그렇다	보통이다	그렇지 않다	전혀 그렇지 않다

[그림 3-1] 척도형 설문지의 예

서 보는 바와 같이 이 척도는 진술문에 대한 참여자의 동의 또는 동의하지 않는 정도를 표시하는 것이다. 이것은 전체의 의견을 알기 위한 것으로써, 하나의 진술에 대한 개인 참여자의 응답을 합하여 그 문항에 대한 총 점수로 개인의 의견을 판단한다. 이 점수는 연구자가 연구를 통해 알고자 하는 서비스의 사용성에 대한 태도를 반영하기도 한다. 리커트 척도로 사용성 평가 문항을 어떻게 만드는지 더 알고 싶으면 Tip 1을 참고하라.

TIP 1 리커트 척도의 사용성 평가 설문지 만들기

① 사용성 평가 설문지를 만들 때 제일 먼저 할 일은 어떤 진술문을 포함시킬 것인지 결정하는 것이다. 연구자는 자신이 알고자 하는 것이 무엇인지를 분명히 해야 한다. 시스템의 사용성 평가를 실시하고 있다면 이때 연구자가 관심 있게 알고 싶은 것이 구체적으로 무엇인지 결정해야 한다. 예를 들면, 시스템에 사용된 음성에 대한 참여자들의 태도를 알고 싶은지, 참여자들이 원하는 정보를 찾기 위하여 어떻게 메뉴 구조를 탐색하는지 등을 결정해야 한다. 만약 잘 모르겠다면, 본인의 연구 목표가 무엇인지를 다시 확인하고 접근하는 것이 바람직하다.

② 리커트 척도 설문지를 만들 때, 긍정문의 수와 거의 동일하게 부정문의 수를 만드는 것이 중요하다. 이것은 무조건 동의하는 효과(acquiescence effect)를 조절하기 위해 필요하다. 이렇게 하면 실험에 참여한 참가자가 모든 문항에 대하여 무의식적으로 긍정적인 대답을 하는 것을 막을 수 있다. 마찬가지로 모든 문항에 부정적으로 대답하는 것도 막아 준다.

③ 다음 단계는 설문을 끝낸 피험자들로부터 자료를 모으는 것이다.

④ 다음은 각 문항에 대한 피험자의 반응을 점수로 계산하는 것이다. 진술문이 긍정문이라면, [그림 3-2]와 같이 설문지 척도를 만든다. 만약 어떤 사람이 '매우 그렇다'에 표시했다면, 5점을 주면 되는데, 이것은 그 진술문에 대해 매우 긍정적이라는 의미다.

자동화 영화 정보 서비스는 사용하기가 쉽다.

5	4	3	2	1
매우 그렇다	그렇다	보통이다	그렇지 않다	전혀 그렇지 않다

[그림 3-2] 리커트 척도에서 긍정 진술문에 점수 할당하기

그러나 연구자의 설문지 진술문이 부정문이라면 점수는 반대로 계산해야 한다. 부정적으로 진술된 문장의 예시는 [그림 3-3]에 나와 있다. 이 경우 피험자가 그 진술문에 '매우 그렇다'라고 하면 1점으로 채점한다. 이것은 특정 서비스와 상호작용하는 검색 기능에 대한 피험자의 매우 부정적인 태도를 의미한다. 반대로 '전혀 그렇지 않다'라고 한 경우에는 검색을 하다가 헤매지 않았다는 의미이므로 5점에 해당한다.

나는 자동화 영화 정보 서비스를 사용하면서 헤맸다.

5	4	3	2	1
매우 그렇다	그렇다	보통이다	그렇지 않다	전혀 그렇지 않다

[그림 3-3] 리커트 척도에서 부정 진술문의 배점 주기

⑤ 위의 예에서 살펴본 바와 같이, 부정문과 긍정문이 섞여 있을 경우 사람들은 무조건 '매우 그렇다'에 답을 해야 한다는 생각을 하기보

다는 신중하게 반응하게 된다. 따라서 리커트 척도 문항을 만들 때, 긍정문과 부정문을 섞어서 제시하면 사람들이 무조건 동의하는 것과 같은 오류를 줄일 수 있다.

⑥ 다음 단계는 이 점수를 [그림 3-4]처럼 스프레드시트에 입력하는 것이다.

참여자	문항 1	문항 2	문항 3	문항 4
참여자 1	5	4	5	5
참여자 2	3	1	4	2
참여자 3	4	3	3	2
참여자 4	4	4	5	4
참여자 5	5	5	4	5

[그림 3-4] 참여자의 점수를 입력할 수 있는 자료 입력창

스프레드시트에서 연구자는 각 피험자의 전체 사용성 점수를 문항 1에서부터 문항 4까지의 합산점수로 계산할 수도 있다. 각 문항에 대한 전반적 사용성 점수도 알 수 있다. 연구자가 자료를 이런 형태로 관리한다면, 참여자의 유형(연령이나 성별 등)에 따른 사용성의 차이도 알 수 있고 전체 점수에 비해 점수가 낮은 특정 문항이 무엇인지도 알 수 있기 때문에 그 시스템의 단점도 쉽게 파악할 수 있다. 어떤 분석을 실시할 것인지는 연구자의 연구 목적에 따라 결정된다.

의미변별척도(semantic differential scale) 다른 설문지 문항의 유형으로 의미변별척도가 있다(Osgood et al., 1957). 의미변별척도는 개인이 주어진 진술에 대한 답변을 양극에 상반되는 두 형용사

친절하다	---	---	---	---	---	---	---	불친절하다
공손하다	---	---	---	---	---	---	---	불손하다
행복하다	---	---	---	---	---	---	---	슬프다
시끄럽다	---	---	---	---	---	---	---	조용하다
이해하기 쉽다	---	---	---	---	---	---	---	이해하기 어렵다
믿음직하다	---	---	---	---	---	---	---	믿음직하지 못하다

[그림 3-5] 의미변별척도의 예

사이에 표시하는 방법이다. 예를 들어, 음성인식 기반 휴대전화에 사용된 음성에 대한 흥미를 묻는 경우를 가정해 보자. [그림 3-5]는 이 경우에 활용할 수 있는 의미변별척도의 예다.

리커트 척도처럼 연구자는 피험자에게 음성 입력 휴대전화 서비스를 사용해 본 후 거기에 사용된 음성에 관해서 이 설문지의 각 항목에 답을 하라고 요청할 수 있다. 이 경우 역시 피험자가 표시한 정도를 점수화하고, 데이터시트에 입력하여 분석할 수 있다. 채점 기준은 리커트 척도에서 언급한 것과 비슷하다. 점수가 높을수록 그 장치에 대해 더 긍정적인 태도를 가지고 있다고 볼 수 있다. [그림 3-6]의 예처럼 음성 인식 장치의 음성을 이해하기 어려웠다고 생각했다면 2점이라는 부정적인 반응을 보일 것이다. 반대로 사용한 음성이 믿음직스러웠다는 느낌을 받았으면 6점이라는 비교적 긍정적

이해하기 쉽다	---	---	---	---	---	-×-	---	이해하기 어렵다
	7	6	5	4	3	2	1	
믿음직하다	---	-×-	---	---	---	---	---	믿음직하지 못하다
	7	6	5	4	3	2	1	

[그림 3-6] 휴대전화 사용 경험에 대한 참여자의 반응 기록

인 반응을 보일 것이다. 일단 연구자가 사용자의 반응을 채점하고 난 후 스프레드시트에 입력하면 이것을 가지고 본격적인 분석을 실시할 수 있다.

설문지 설계에서 반드시 고려되어야 하는 주요 쟁점 설문지 유형의 설계에 관련하여 몇 가지 꼭 알아 두어야 할 사항이 있다. 바로 리커트 척도나 의미변별척도가 가지고 있는 중앙값에 관한 문제점이다. 피험자들이 중앙값을 표시했을 때 그것은 진정으로 중립적인 의미라고 볼 수 있는가? 아니면 그들은 어느 쪽으로 선택해야 할지 몰라서 중앙값에 표시한 것인가?

설문지를 제작할 때 또 다른 고려 사항은 설문에 들어가는 질문들을 어떻게 차별화하겠냐 하는 것이다. 여기에서 차별화란 연구자의 설문지에 있는 문항에 대한 높은 점수에 표시를 한 사람과 낮은 점수에 표시를 한 사람의 차이를 말한다. 만약 한 연구에서 모든 참여자가 똑같이 7점에 표시를 했다고 해 보자. 그렇다면 이것은 참여자 간의 차이가 없음을 의미한다. 이처럼 참여자 간의 차이를 보여 주지 못하는 문항은 설문지에서 삭제돼야 한다.

또한 연구자는 설문지에서 유사한 것들을 질문하고 있지 않는가를 확인해 봐야 한다. 예를 들면, 연구자가 '나는 자동화 영화 목록 서비스를 즐겼다.'와 같은 문항을 이미 넣었다면 '자동화 영화 목록 서비스는 나를 즐겁게 했다.'와 같은 문항은 포함될 필요가 없다. 왜냐하면 두 문항은 본질적으로 같다고 볼 수 있는데, 둘 다 자동화 영화 목록 서비스를 얼마나 즐겼는가를 묻고 있는 질문이기 때문이다. 이와 같이 유사한 문항을 찾아내기 위한 방법으로는 동료나 친구들에게 읽어 봐 달라고 해서 불필요한 문항을 빼 버리는 것이다. 같은 프로젝트를 수행하는 연구원에게 부탁을 할 수도 있다. 그러나 설문을 실시하기 바로 전날 준다든가 하지 말고, 충분한 시간을 두고 피드백을 요청하는 것이 바람직하다. 그 밖에도 문항 분석과 같은 통계 기법을 써도 좋다. 이것은 기본적으로 시스템을 사용하고 난 이후에 설문을 실시한 결과를 바탕으로 한다. 일단 이러한 자료가 수집되면 각 개인의 점수를 전체 사용성 점수에 비교하는데, 그 절차는 다음과 같다.

① 각 항목의 점수와 전체 설문지 점수와의 상관계수를 구한다.
② 전체 점수와 상관이 높은 문항만 남겨 둔다.
③ 전체 점수와 상관이 높지 않은 문항은 연구자가 기대한 무엇인가를 측정하려는 목적에 맞지 않는 것이다.

이것에 대해 더 자세히 알고 싶으면, Coolican(2000)의 Topic 1을 참고하라.

설문지 작성에서 마지막으로 고려해야 할 점은 설문지의 분량이다. 저자는 최종 설문지의 적정 길이를 최대 20여 문항이라고 생각한다. 설문지에 답변하는 것은 참여자에게 많은 시간을 요구하는 일임을 명심해야 한다. 게다가 참여자는 실험에 사용되고 있는 시스템을 사용하기 위해서도 이미 일정 시간을 할애했다는 것을 반드시 기억해야 한다.

수행의 측정

여기에서는 모바일 HCI 연구에서 자료 수집을 위한 수행 측정의 유형을 다룬다. 전통적으로 HCI 연구에서 수행의 측정은 실험심리학의 연구 방법과 기법을 적용한 경우가 많다.

과제 수행 시간

과제 수행 시간은 모바일 기술을 사용할 때 참여자의 수행 수준을 측정하기 위한 것으로써 참여자에게 특정 과제를 수행하게 하고, 그것을 수행하는 데 시간이 얼마나 걸렸는지를 측정하는 것이다. 과제 수행 시간은 모바일 HCI 연구에서 표준화된 수행 측정 방법이다. 자동화 영화 목록 서비스의 경우에서 연구자는 음성 입력 방식과 키패드 입력 방식을 비교해 보기 위하여 실험 참여자에게 특정 과제를 주고 휴대전화를 사용하는 과제를 수행하게 한다. 과제 수행을 측정하는 한 가지 방법으로는 참여자가 과제를 수행하는 동안 연구자가 참여자의 옆에 앉아서 수행이 끝나는 시간을 측정하는 것이다. 이 경우에 연구자는 참여자가 언제 정확하게 그 과제를 마쳤는지를 확실히 알아야 한다. 이를 위하여 사전에 참여자에게 과제 수행을 마쳤다는 사실을 알려 달라고 하는 것이 좋다. 그러나 수행 속도는 항상 그 과제를 수행하는 것이 얼마나 어려운가를 설명해 주지는 못한다는 사실을 알아야 한다. 따라서 연구자는 수행 측정을 위하여 다양한 평가 방법을 고려하여야 한다.

오 류

사람들이 과제 수행을 하다가 범하는 오류는 수행 측정에서 아주 중요한 단서다. 만약에 자동화 영화 목록 서비스를 사용하면서 저장 기능에 관한 정보를 찾던 중 계속 그 위치를 잃어버린다면, 이것은 그 정보를 찾아가는 경로에 어떠한 문제가 있음을 의미하는 것이다.

오류는 다양한 방법으로 기록될 수 있다. 한 가지 방법은 참여자가 서비스와 상호작용하는 모습을 관찰하고, 그때 보이는 오류의 특성을 기록하는 방법이다. 다른 방법으로는 참여자가 과제를 수행할 때 로그 파일을 생성함으로써 오류 기록을 자동화하는 방법이다. 이렇게 로그 파일이 생성되면 연구자는 참여자의 로그 파일을 검토하면서 오류 발생을 기록할 수 있다.

끼어들기

이 측정법은 음성 기반 모바일 기기에서 적용 가능하다. 사용자가 자동화된 서비스와 상호작용한다는 것은 시스템에서 제공하는 음성 대화에 즉각적으로 반응함을 의미한다. 자동화 영화 목록 서비스에 다음과 같은 음성 대화가 제공된다고 가정해 보자. '자동화 영화 목록 서비스에 오신 것을 환영합니다. 다음의 옵션을 눌러 주세요. 최근 상영되고 있는 영화 목록을 알고 싶으면 1번, 영화 예매에 관해서 궁금하다면 2번, 극장까지 오는 방법을 알고 싶으면 3번, 일반 정보에 대해서는 4번을 눌러 주세요.' 이 상황에서 중요한 것은 키패드를 사용하건 음성 인식 장치를 사용하건 사용자가 원하는 것이 무엇인지를 시스템에 입력해야 한다는 것이다. 사용자는 자신이 원하는 것을 다 수행할 때까지 차례로 번호를 선택하면서 과제를 진행하게 된다.

그런데 당신이 이러한 서비스에 이미 익숙한 사용자이기 때문에 자신이 원하는 목록만 빨리 보고 싶다면 이러한 안내 정보가 제시되는 동안 끼어들어서 원하는 번호를 선택할 수도 있다. 이와 같이 제공되고 있는 정보에 끼어들어 자신이 원하는 번호를 선택하는 횟수를 측정하는 것도 하나의 방법으로 활용할 수 있다. 시스템에서 제공되고 있는 정보에 끼어드는 횟수의 비율은 주어진 정보가 끝나기 전에 사용자가 선택한 번호의 횟수를 전체 반응의 수로 나눈 것이다.

음성 기반의 자동화 음악 목록 서비스에서 연령에 관한 연구를 했던 저자의 1997년 연구에서 노인들은 불필요한 정보나 불필요한 안내가 주어질 때 젊은이들만큼 끼어들기를 잘 하지 못한다는 사실을 발견했다. 노인들은 어떤 정보가 주어질 때 그 정보의 중간에 끼어드는 것은 공손하지 못한 것이라고 생각하는 경향이 있었다.

침 묵

끼어들기 횟수와 더불어 침묵의 횟수 역시 음성 기반 서비스와의 상호작용을 측정할 때 사용할 수 있는 수행 측정 도구다. 휴대전화 업체들은 음성 안내 대화를 설계할 때, 선택을 위한 정보를 안내하고 반응을 위해 약 5초 정도의 휴지기를 둔다. 만약에 사용자가 5초 혹은 주어진 특정 시간 안에 반응을 하지 않으면, 시간 초과로 간주되어 시스템은 동일한 정보를 반복적으로 제공하여 사용자의 반응을 유도한다. 따라서 침묵 횟수 비율은 전체 과제를 수행하는 중에 휴지기가 끝날 때까지 사용자가 반응을 하지 않은 횟수를 전체 반응의 수로 나누어 계산한다. 침묵을 기록할 때는 헤드폰을 쓰고 시스템을 듣거나 사용자의 반응 소리를 들으며 할 수 있다. 이것을 측정하는 방법으로는 오즈의 마법사와 같은 것이 있는데, 이에 대해서는

6장에서 다룬다.

기 억

엄격하게 말해서 이것은 수행 측정 방법이라기보다는 수차례에 걸친 반복적 수행의 결과를 측정하는 기법이다. 이 방법은 앞서 살펴보았던 것들을 일정 기간 동안 반복적으로 측정하는 방법이라고 할 수 있다. 이 기법은 모바일 기기 사용 경험의 정도에 따라 사람들의 수행이 다를 것이라고 전제한다. 사람들은 이미 특정 서비스나 시스템의 사용이 습관화되었다는 말을 종종 하는데, 이는 사람들이 그 시스템이나 서비스를 효과적으로 사용하는 방법을 안다는 것을 의미한다.

만약 4주에 걸쳐 휴대전화 사용에 관한 연구를 한다고 할 때, 매주 연구자는 특정 시간에 실험 참여자에게 연락을 하여 자동화 영화 목록 서비스 안내를 사용하는 일련의 과제를 제시한다고 생각해 보자. 연구자는 실험 참여자가 사용한 음성 로그 파일을 보기 위하여 TrueActive 같은 소프트웨어(TrueActive 회사의 제품)를 통해 사용자의 휴대전화 활용을 모니터링 하고, 자료를 수집할 수도 있다. 이 소프트웨어는 참여자의 수행 시간이 경과함에 따라 어떻게 변화하는지를 비교할 수 있게 해 준다. 또한 연구자는 시간이 지남에 따라 서비스에 대한 참여자의 태도가 어떻게 바뀌는지를 알기 위해서 면담을 실시할 수도 있다. 이 모든 것을 종합한 자료는 사용자가 그 시스템을 어떻게 사용하고 있는지를 알 수 있게 해 준다.

관 찰

관찰 연구는 사람들이 관찰되고 있다는 사실을 지각하건 지각하지 않건 간에 자연스럽게 발생하는 인간의 행동에 초점을 둔다. HCI 분야에서 관찰 기법은 실험실에서 자료를 수집하는 하나의 방법으로 사용되어 왔다. 새로운 PDA 인터페이스에 대한 사람들의 반응을 관찰하거나, 그들이 어려워하는 부분 또는 좋아하지 않는 인터페이스를 관찰하는 것이 그 예다. 이렇게 피험자가 실험실과 같이 통제된 상황에서 관찰되는 것을 통제된 관찰이라고 한다. 관찰 기법은 모바일 HCI 연구의 자료 수집에서 매우 유용하게 활용되고 있다. 공공장소에서 휴대전화를 사용할 때 그들의 반응을 관찰(Ling, 2002)하는 것은 모바일 연구에서 매우 흔히 사용되는 방법이다. 이 경우처럼 자연적이고 일상적인 환경에서 나타나는 행동을 관찰하는 것을 자연적 관찰이라고 한다. 관찰 연구에서 자료 수집을 위해 사용할 수 있는 기법을 정리해 보면 다음과 같은 것이 있다.

오디오 녹음

이것은 연구자가 참여자의 행동을 관찰하면서 음성으로 오디오 테이프에 녹음하는 것이다. 만약에 연구자가 이 기법을 실험실에서 활용하고 싶으면, 실험 참여자에게 녹음을 하는 것이 괜찮은지 물어보고 연구자가 지시한 과제를 수행하는 데 방해를 받지 않는 범위에서 해야 한다. 그러나 공공장소에서 휴대전화 사용에 대한 반응을 관찰하는 경우라면 이 방법이 별로 유용하지 않을 수도 있다. 공공장소와 같은 곳에서 오디오 녹음을 할 경우에 연구자는 스스로에게 주의를 집중하는 일부터 해야 한다. 공공장소에서 오디오 녹음을 하면서 동시에 참여자의 과제 수행을 관찰하는 것은 쉬운 일이 아니다.

비디오 녹화

비디오 녹화는 연구자에게 풍부한 자료를 제공한다. 이 기법을 사용하면 참여자가 카페에서 휴대전화 벨소리를 듣고 전화를 받는 동안 보여 주는 일련의 연속된 행동을 모두 녹화할 수 있다. 그러나 비디오 녹화는 촬영하는 연구자가 항상 노출되어 있다는 문제점이 있다. 만약 식당에서 당신의 친구에게 옆에 앉은 남자의 계속된 휴대전화 사용이 얼마나 성가신지에 대해 묻고 있을 때 그 남자가 캠코더를 가리키며 뭐하는 것이냐고 질문을 한다면 어떻게 하겠는가? 또한 이 경우 연구자는 식당의 주인에게 녹화에 대한 동의를 얻어야 할지도 모른다. 게다가 시간적인 요소 또한 고려해야 한다. 어떤 경우에는 연구자의 목적에 부합하는 사례를 찾기 위해 오랜 시간이 걸릴 수도 있다. 또는 연구자의 연구 목적에 필요한 모든 자료를 얻기에는 충분한 시간이 주어지지 않을지도 모른다.

코딩 양식

만약 비디오 녹화를 할 수 없는 상황이라면 코딩 양식에 의한 방법을 적용하는 것이 좋다. 자신이 관찰한 것을 그대로 다 적으려고 하다 보면 오직 자신이 보거나 그 과정에 있던 것들만을 기록하게 되기 때문에 아주 중요한 사회적 행동이나 상호작용을 놓치게 되는 위험성이 있다. 그렇다면 이 문제를 어떻게 보완할 것인가? 자신만의 코딩 양식을 개발해야 한다. 코딩 양식을 개발하기에 가장 이상적인 방법은 일단 초기 자료를 수집한 다음에 코딩 체제가 제대로 작동하는지 점검하는 것이다. 이런 절차는 많은 시간을 필요로 하지만 매우 의미 있는 과정이다. 어떤 방식으로 코딩 양식을 개발할 수 있는지에 대하여 Tip 2에 상세히 기술하였다.

TIP 2 관찰용 코딩 양식의 구성

① 우선 자신이 무엇을 관찰하고 싶은지를 명확하게 해 두어야 한다. 여기에서는 대기실과 같은 공공장소에서 휴대전화로 통화를 하고 있는 타인 바로 옆에 앉아 있는 사람들의 행동 관찰이 목적이라고 하자.

② 그다음에는 관찰될 것으로 기대되는 행동의 차원이나 범주에 어떤 것이 있는지 생각해 보아야 한다. 여기에서는 [그림 3-7]과 같이 세 가지 범주로 구성된 코딩 양식을 생각해 볼 수 있다.

③ 일단 이와 같은 초기 양식을 설계했다면, 실제로 대기실 장면에서 적용해 봄으로써 자신이 생각했던 주요 행동을 모두 포함하고 있는지를 검증해 보아야 한다. 이 과정을 통해서 이전에는 전혀 생각하지도 못했던 새로운 범주를 추가할 수도 있게 된다.

④ 코딩 양식의 신뢰도를 검사하기 위한 또 다른 방법은 다른 사람들에게 코딩 양식지를 써 보도록 해서 녹화된 행동과 코딩 양식지로 기록된 내용을 비교해 보는 것이다. 이때 당연히 동일한 사회적 장면을 대상으로 해야 한다.

⑤ 그다음에는 실제로 자료를 수집하는 것이다. 이 단계에서 관찰할 대기실을 선택하고 관찰 연구를 시작한다. 장소에 따라서는 사전에 허락을 받아야 하는 곳도 있다.

⑥ 또한 관찰 연구를 위해서는 최소한 며칠 혹은 그 이상의 시간이 걸릴 수 있다는 점을 명심해야 한다. 따라서 이 연구를 위한 충분한 시간이 투입되었는지 점검해 보아야 한다.

⑦ 일단 자료를 수집한 후에는, 통계분석을 위하여 코딩 양식의 자료를

스프레드시트에 옮겨야 한다. 코딩 양식에 쓴 목록의 이름을 그대로 스프레드시트에도 쓴다. 스프레드시트에 자료를 옮길 때는 연구자가 특정 행동에 대한 관찰 빈도도 표시할 수 있다. 또한 성별, 연령 등도 기입함으로써 행동에 나타난 남성과 여성의 차이를 볼 수도 있고 연령대에 따른 차이를 알아볼 수도 있다.

전화 걸기 전의 행동	
전화를 걸기 전에 두 사람은 서로 알고 있는 사이다.	예/아니요
서로 대화를 하고 있다.	예/아니요
얼마나 자주 발생하고 있는가?	
말도 없이 앉아 있다.	예/아니요
서로 간단히 인사한 뒤에 잡지 등을 꺼내서 읽고 있다.	예/아니요
그 밖에 관찰된 행동	
추가적인 논평	
휴대전화 사용 중의 행동	
바로 옆에 앉아 있는 사람들을 피해서 전화를 받고 있다.	예/아니요
옆에 있던 사람이 시선을 돌렸다.	예/아니요
전화를 받은 사람이 목소리를 낮추었다.	예/아니요
옆에 있던 사람이 돌려 앉았다.	예/아니요
옆에 있던 사람이 읽을거리를 꺼내 들었다.	예/아니요
휴대전화 사용자의 옆에 앉아 있던 사람이 멀뚱히 앞만 쳐다봤다.	예/아니요
전화 받은 사람을 쳐다봤다.	예/아니요
얼마나 자주 발생하고 있는가?	
옆에 있던 사람이 대기실의 다른 곳으로 자리를 옮겼다.	예/아니요
옆에 있던 사람이 시계를 쳐다봤다.	예/아니요
얼마나 자주 발생하고 있는가?	
전화 받은 사람이 대기실의 다른 곳으로 자리를 옮겼다.	예/아니요
그 밖에 관찰된 행동	
추가적인 논평	

휴대전화 사용 후의 행동	
옆에 있던 사람이 통화가 끝나자 전화를 받은 사람을 보고 미소 지었다.	예/아니요
전화를 받은 사람이 옆 사람에게 사과했다.	예/아니요
옆에 있던 사람이 자기 자리로 돌아왔다(만약 이동했었다면).	예/아니요
전화 받은 사람이 통화가 끝나자 자기 자리로 돌아왔다(만약 이동했었다면).	예/아니요
두 사람이 다시 대화하기 시작했다.	예/아니요
그 밖에 관찰된 행동	
추가적인 논평	

[그림 3-7] 코딩 양식의 예

관찰 연구를 수행하기 전에 윤리적인 사항이 고려되어야 하는지를 점검해 보아야 한다. 행동을 간섭하지 않는 자연적인 관찰은 다른 사람의 행동에 영향을 주지 않게 최대한 자연적 상황에서 관찰을 수행할 수 있기 때문에 연구의 오염원이 될 수 있는 사람들의 예기치 않은 행동을 줄일 수 있는 방법이 되기도 한다. 그렇지만 이 방법은 참여자가 동의하지 않은 관찰이었다는 논쟁을 제기할 수 있다. 이 경우의 가장 큰 문제점은 연구자가 관심 있어 하는 행동을 보이는 사람들을 어떻게 연구에 참여하도록 동의하게 만들 수 있는가 하는 것이다. 이 문제에 관해서는 영국 심리학회, 영국 컴퓨터학회, 컴퓨터공학회 등과 같은 전문가 단체에 윤리적 안내에 관한 자문을 구하는 것이 좋다.

면담 방법

사용자에게 직접 질문을 하는 것은 사용성에 관한 쟁점, 요건 정의, 모바일 HCI 연구에의 관심 등에 대한 정보를 가장 빨리 알 수 있는 방법이다. 면담은 실험실에서 실험이 끝난 후 참여자의 생각을 듣기 위해 실시할 수도 있다. 또한 실험 참여자의 행동을 관찰한 자료나 컴퓨터 로그 파일의 결과 및 참여자들의 대답과 비교해 보기 위해서도 사용할 수 있다. 예를 들면, 과제를 수행하는 데 걸리는 시간 등을 컴퓨터의 기록으로도 볼 수 있지만, 참가자에게 직접 물어볼 수도 있다. 면담은 다양한 유형이 있으며, 다음은 HCI 연구에서 참여자들로부터 정보를 얻기 위해 가장 흔히 사용되는 면담 기법을 설명한 것이다.

비형식 면담

비형식 면담은 가능하면 많은 자료를 얻기 위해 이루어지는 면담으로서 완전히 비구조화된 면담이다. 이것은 참여자의 대답을 놓치지 않고 재빨리 기록할 수 있는 경우에 적용해야 한다. 연구자가 참여자의 말하는 속도만큼 빨리 기록을 못 한다면 결정적인 정보를 놓칠 수도 있기 때문이다.

반(半)형식 면담

반형식 면담은 실험실에서 참여자를 통해 얻은 정보를 먼저 검토한 이후에 활용해야 효과적이다. 실험에서 대부분의 참여자가 특정한 링크를 찾는 데 어려움을 겪었다면, 그 이유는 링크의 이름이 잘

못되었거나, 공간적인 내비게이션의 어려움 때문이라고 쉽게 말할 수 있을까? 이 경우 연구자는 반형식 면담을 통하여 참여자들과 관련된 문제점을 면담함으로써 실험실에서 발생한 결과를 이해하게 될 것이다. 이 면담을 위한 명시적 절차는 없다. 다만, 참여자들이 말하는 대로 내버려 두면 된다. 그러나 연구자는 그 면담이 자신의 연구에서 알고자 하는 것을 다 포함하고 있는지를 신경 써야 하고, 예상치 않았던 새로운 문제가 제기되어도 열린 마음으로 이를 받아들일 수 있어야 한다. 초점 집단 면담이 이것과 어느 정도 유사하다. 초점 집단도 어떤 연구의 사전 분석이나 연구에서 관찰되는 어떤 것에 대한 구체적인 문제점에 대해 더 많은 정보가 필요할 때 주로 활용되는 것이다.

반형식 면담은 실험 참여자가 주어진 과제를 수행하는 실험이 끝나자마자 바로 실시할 수 있다. 이것을 회고적 분석(retrospective analysis)이라고 하는데, 참여자가 과제를 수행하는 모습을 녹화하고 이것을 재생하여 참여자에게 보여 주면서 문제를 일으킨 시점에서 왜 그랬는지를 설명하게 하는 방법이다.

반(半)구조화 면담

반구조화 면담에서 연구자는 누구에게나 똑같은 절차로 제시될 질문 꾸러미를 준비한다. 이때 참여자에게 새로운 휴대전화 서비스의 사용성을 알아보기 위하여 리커트 척도에서 활용되는 질문 문항을 만들어서 사용해 볼 수도 있다. 예를 들면, '이 서비스 중 특별히 좋아하는 것이 있었나?' '이에 대해 더 할 얘기는 없는가?' 등과 같이 물어볼 수 있다.

개방형 질문을 할 때 주의할 점은 참여자들을 고무시켜 최대한 많은 정보를 얻어 낼 수 있도록 하는 것이다. 또한 연구자는 왜 사용자가 그 서비스를 계속 사용하고 싶어 하는지 혹은 왜 그렇지 않은지에 대해서도 알고 싶을 것이다. 따라서 이러한 질문들은 '이것에 대해 조금 더 설명해 주시겠습니까?'와 같은 후속적인 질문을 포함하여 답변을 할 수 있도록 유도한다. 그러나 참여자에게 너무 공격적으로 보이거나 압력을 가하는 식으로 질문을 하게 되면 그들은 특정 질문에 대해 어떤 대답을 하도록 강요되고 있다는 느낌을 받을 수 있으므로 주의해야 한다.

구조화된 면담

구조화된 면담에서는 사전에 질문을 준비해 두는 것이다. '일주일에 몇 통의 단문자 서비스를 이용하는가?'와 같은 질문이 그것이다. 그리고 그 질문에 대한 답도 '다음의 보기에서 고르시오. 0~10번, 11~20번, 21~30번, 31~40번, 41~50번'이라는 식으로 참여자가 선택할 수도 있다. 그러나 구조화된 면담 또한 개방형 문항을 포함할 수 있다. 예를 들면, '자동화 영화 예약 서비스에 관해서 추가적인 의견은 없는가?'와 같은 식의 개방형 문항을 사용할 수도 있다. 학생들이 실시하는 프로젝트 수준에서 구조화된 면담은 자료를 수집하는 가장 보편적인 방식이므로, 구조화된 면담지를 개발하는 방법에 대해 Tip 3에서 좀 더 자세히 알아본다.

TIP 3 구조화된 면담지의 개발

음성 기반 휴대전화 서비스에서 메타포에 관한 연구를 수행하고 있다고 가정해 보자. 이때 당신은 참여자들의 배경에 대한 정보 수집을 원할 것이다. '하루에 문자 메시지를 얼마나 보내는가? 일주일에 휴대전화로 전화를 몇 통이나 하는가?' 등에 관해서 말이다. 또한 나이, 성별과 관련된 내용을 알아보기 위하여, 참여자의 인구통계학적 정보를 물어볼 수도 있다. [그림 3-8]은 구조화된 구조화 면담지의 예다.

참여자 번호:______________

① 성별

남성	
여성	

② 당신의 연령은 어느 집단에 속하는가?

18~29세	
30~39세	
40~49세	
50~59세	
60~69세	
70세 이상	

③ 휴대전화를 소지한 지는 얼마나 되었는가?

6개월 미만	
7개월~1년	
1년~1년 반	
1년 반~2년	
2년 이상	

④ 하루에 문자 메시지를 몇 건 정도 보내는가?

0~10건	
11~20건	
21~30건	
30건 이상	

⑤ 하루에 전화는 몇 통 정도 하는가?

0~10통	
11~20통	
21~30통	
30통 이상	

⑥ 어떤 요금제를 쓰고 있는가?

사용 시간 기반 요금제	
정액제	

⑦ 다음의 서비스 중 당신이 사용하는 것은?

단문자 서비스	
WAP 무선 서비스	
음성메일	
이메일	
영상 메시지	
기타(구체적으로)	

⑧ 다음의 서비스를 일주일에 얼마나 자주 사용하는가?

단문자 서비스	
WAP 무선 서비스	
음성메일	
이메일	
영상 메시지	
기타(구체적으로)	

[그림 3-8] 참여자들의 기술분석적 정보를 담은 구조화된 면담지

일단 구조화된 면담지를 개발한 후에는 연구자가 수집하려는 정보를 제대로 묻고 있는지에 대하여 주변의 도움을 받아 여러 차례에 걸쳐서 검토해야 한다. 그런 후에는 연구 참여에 동의한 사람들을 대상으로

면담지를 배포한다. 여기서 한 가지 중요한 점은 면담 문항에서 선택지를 주는 것이다. '휴대전화 서비스 중 어떤 것을 사용해 보았는가?'라는 질문을 했을 때, 참가자들은 자신이 사용해 본 서비스를 다 기억하지 못하므로 선택지를 주는 것은 그만큼 중요하다.

일단 자료를 수집했다면, 그것을 스프레드시트에 입력해야 한다. 참여자의 수행과 같이 다른 자료가 입력된 스프레드시트에 자료를 같이 입력해도 된다. 다음은 이러한 기술통계 자료와 수행에 관한 자료의 관계를 조사하는 것이다. 예를 들면, 노인층과 장년층의 WAP 무선 서비스와 음성메일 사용 횟수에 차이가 있는지 없는지 등을 알아보는 것이다. 만약에 차이가 있다면, 그 이후에는 왜 그러한 차이가 발생하였는가에 대하여 연구를 수행할 필요가 있다.

일지 작성

일지 작성은 일정 기간 동안 참여자 개인에게 그들이 휴대전화를 사용하면서 느끼는 생각이나 감정을 개인적으로 기록하도록 하는 것이다. 이것은 연구자에게 풍부한 문서 자료를 제공한다. 일지 작성에서 가장 중요한 것은 참여자에게 어떤 것을 묘사하고 기록해야 하는지를 자세하게 안내하는 것이다. 이에 대해서는 Tip 4에서 보다 자세히 살펴본다.

TIP 4 일지 작성 안내

이 연구의 목적은 14~16세의 청소년들이 휴대전화를 사용하는 목적이 무엇인지를 알아보기 위한 것이다. 이 연구를 위해서 연구자는 제일 먼저 연구에 참여하고 있는 청소년의 부모님에게 연구의 목적을 설명해야 한다. 이 연구에서 연구자가 어떻게 자료를 수집할 것인지, 그리고 수집된 자료를 어떻게 분석할 것인지에 대한 자세한 설명이 포함되어야 한다. 연구에 참여할 청소년 부모들의 허락을 받은 후, 연구의 목적을 청소년들에게도 설명해야 한다. 청소년들이 설명을 듣고 수긍하면, 연구 참여 동의서를 받아야 한다(7장의 연구 참여 동의서 작성에 관한 정보를 참고하라).

다음 단계는 연구 참여 청소년들에게 연구에 필요한 일지 작성 방법을 설명해 주어야 한다. 이 단계를 위해서는 [그림 3-9]와 같은 안내문을 제공해도 좋다. 연구자는 자료 수집의 기간을 구체화해 주어야 한다. 여기에서 주의할 점은 일지는 분석할 자료를 많이 생성한다는 점이다. 그러므로 사전에 자료 수집과 자료 분석을 위한 충분한 시간이 있는지도 확인해야 한다. 이러한 자료를 어떻게 분석하는지에 대해 더 깊이 알고 싶다면 Silverman(2001)의 글을 참고하라.

일지 작성법에 대한 안내

- 오늘 하루 보낸 단문자의 수와 받은 단문자의 수를 기록하라.
- 오늘 건 전화 통화 수를 기록하라.
- 전화 통화 시간을 기록하라.
- 오늘 사용한 휴대전화의 서비스를 기록하고, 각각의 서비스에 대한 의견을 기록하라.
- 오늘 휴대전화를 사용한 장소를 기록하고, 그곳에서 각각 무슨 용도로 썼는지 기록하라.
- 만약에 휴대전화를 공공장소에서 썼다면, 각각의 장소에서 사용할 때의 느낌을 기록하라.

[그림 3-9] 일지 작성 안내문

삼각측정법

앞에서 살펴보았듯이 모바일 HCI 연구를 수행할 때 사용할 수 있는 연구 방법에는 다양한 도구와 기법이 있다. 마지막으로 중요하게 고려해야 할 것은 여러 연구 방법을 동시에 활용함으로써 사용자의 행위를 더 잘 이해할 수 있다는 점이다. 이것이 바로 삼각측정법(triangulation)이다. 삼각측정을 위해서 연구자는 객관적이고 주관적인 자료 수집 기법을 통합해야 한다. 예를 들면, 연구자가 관광 정보 안내를 사용하는 사용자 집단의 내비게이션 선호 유형을 알고 싶어 한다고 가정해 보자. 이 경우 연구자는 최대한 많은 자료가 수집되기를 원할 것이다. 그러므로 연구자는 사용자들이 과제를 수행하는 데 걸리는 시간을 로그 정보로 확인하거나, 사용자들이 시내를 돌며 서비스를 사용하는 것을 따라다니며 관찰하고, 리커트 척도를 사용하여 그 서비스의 사용성이나 사용자의 태도를 측정하는 다양한 방법을 활용하여 자료를 수집할 수 있다.

요 약

이 장의 목적은 연구자가 HCI 연구를 수행할 때 필요한 일반적 연구 도구와 기법에 대해 알아보는 것이었다. 다음 장에서는 보다 구체적인 HCI 연구 기법에 대해 살펴볼 것이다. 모바일 HCI 연구의 연구 방법을 검토한 Kjeldskov와 Graham(2003)은 현재 모바일 연구의 초점이 시스템을 개발(예, 휴대전화 서비스를 위한 인터페이스 유형 개발)하거나, 실험실에서 고전적 평가 방법을 이용하여 프로토타입을 평가하는 것에 주로 치우쳐 있다고 지적하고 있다. 모바일 시스템의 효과나 사용성을 완전히 이해하기 위해서 좀 더 다양한 연구 방법이 개발될 필요가 있다.

시스템이 모바일이기 때문에, 연구가 실제 그것이 사용될 맥락 속에서 실시되어야 한다는 것 또한 매우 중요하다. 이 장에서 논의되었던 일지 작성이나 현장 연구 등의 기법에 대해 좀 더 깊이 생각해 보아야 한다. 또한 삼각측정법의 범위에 대해서도 좀 더 논의되어야 한다. 실험실에서 휴대전화의 상호작용을 위한 초기 인터페이스가 개발된 후에, 실제 현장에서 사용성 평가가 수행되어야 한다. 궁극적으로 연구 목적과 연구하고자 하는 모바일 기기에 부합하는 연구 방법을 선택하는 것은 온전히 연구자 자신에게 달려 있다는 점을 명심해야 한다.

자·기·점·검

- 독립변인
- 종속변인
- 대응표본 설계
- 척도 설문지
- 현장 실험
- 삼각측정법

연·습·문·제

1. 당신이 이제 막 휴대전화 회사에서 사용성 검사 기술자로 일을 시작했다고 가정해 보자. 당신에게 주어진 첫 번째 프로젝트는 요건 정의를 하는 것이다. 요건 정의는 같은 팀 내의 설계자들에게 주어야 하는 정보로서, 사람들이 새로운 위치 기반 지역 정보 서비스에 대해 바라는 것이 무엇인가에 관한 정보다.

2. 당신은 나이와 같은 개인차가 새 휴대전화 정보 서비스의 인터페이스 유형(음성 기반 인터페이스와 키패드 인터페이스)에 미치는 영향에 대해 조사하고자 한다. 이 연구의 독립변인은 무엇이고, 종속변인은 무엇인가?

참고문헌

Coolican, H. (2000). *Research Methods and Statistics in Psychology.* Hodder and Stoughton.

Kjeldskov, J., & Graham C. (2003). A review of mobile HCI research methods. In *Proceedings of the Fifth International Symposium on Mobile HCI,* pp. 317-335.

Likert, R. (1932). A technique for the measurement of attitudes. *Archives of Psychology,* No. 140, pp. 1-55.

Ling, R. (2002). The social juxtaposition of mobile telephone conversations and public spaces. In *The Social Consuquences of Mobile Telephones*, Kim, S. D. (Ed.). Chunshon, Korea.

Love, S., Foster, J. C., & Jack, M. A. (1997). Assaying and isolating individual difference in automated telephone services. *Proceedings. of the 16th International Symposium on Human-Factors in Telecommunications* (HFT '97), pp. 323-330.

Nielson, J. (1993). *Usability Enginnering.* Cambridge: MA. Academic Press.

Osgood, C. E., Suci, G. J., & Tannenbaum, P. H. (1957). *The Measurement of Meaning.* Urbana: University of Illinois Press.

Silverman, D. (2001). *Interpreting Qualitative Data: methods for analysing, talk, text and interaction.* Sage Publications, London.

읽을거리

Howitt, D., & Cramer, D. (2000). *An Introduction to Statistics in Psychology: a complete guide for students*. Prentice Hall.

Rubin, J. (1994). *Handbook of Usability Testing*. John Wiley and Sons.

제4장

HCI 연구 방법

●●●●

이 장의 목적은 HCI 연구의 주요 연구 방법을 소개하는 것이다. 특히 언어 프로토콜(verbal protocol), 발견적 방법(heuristics), 인지적 시연기법(cognitive walkthrough)에 초점을 두었다. 다른 구체적인 HCI 연구 방법에 대한 종합적인 검토를 위해서는 이 장의 마지막에 추가적으로 관련 문헌을 따로 제시하였다.

제4장

HCI 연구 방법

언어 프로토콜

사용성 검사를 위한 도구로 언어 프로토콜을 제시한 아이디어는 Ericsson과 Simon(1985)에 의해 비롯된 것이었다. 언어 프로토콜은 사용자들이 해당 서비스를 사용할 때, 그 서비스에 대해서 실제로 무슨 생각을 하고 있는지를 언어적으로 표현하도록 하는 것이다. 연구자들은 종종 일부 언어 프로토콜을 관찰 자료와 함께 활용하여 참여자들에게서 가능하면 더 많은 정보를 얻기도 한다.

그렇다면 언어 프로토콜을 통해 어떤 종류의 정보를 얻을 수 있을까? 아마도 연구에서 연구자가 참여자에게 수행하라고 한 과제를 어떻게 수행했는지를 알 수 있을 것이다. 또한 연구자는 사용자가 정확한 메뉴를 선택할 때 어떤 문제를 고려하는지 들을 수도 있으며, 어떤 메뉴 항목이 명확하지 않은지에 대해서도 알 수 있을 것이다. 또한 어떤 내비게이션 구조가 초기에 생각했던 것만큼 명확하지 않은지도 알 수 있다. 시스템이 기대하지 않은 정보 처리를 수행하거나 갑자기 종료되면 사용자들은 주관적인 감정을 표현하기도 하는

데, 언어 프로토콜을 이용하면 이러한 정보도 얻을 수 있다. 이러한 종류의 언어 프로토콜이 바로 소리 내어 말하기(think aloud) 프로토콜이다.

소리 내어 말하기 프로토콜

스타일러스 펜과 터치스크린 입력 장치를 탑재한 새로운 PDA 정보 서비스를 개발하여 그것에 대한 사용자의 사용성에 대한 인식을 알고 싶다고 가정해 보자. 자료 수집을 위해서 소리 내어 말하기 프로토콜을 활용할 수 있을 것이다. 소리 내어 말하기 프로토콜은 주어진 과제를 수행하면서, 자신이 생각하고 있는 것을 말로 표현하라고 지시하는 것이다. 이 기법은 사용자들의 과제 수행 과정에서 그 서비스에 대해 어떻게 생각하는지를 알기 위한 것이다.

비록 이것이 자료 수집에 유용한 기법이기는 하지만 사용자들은 과제를 수행하면서 동시에 자신의 생각을 언어적으로 표현을 하는 것에 어려움을 느끼기도 하고 일부는 이 기법을 사용하는 초기부터 당황하기도 한다. 더 자세한 방법을 알고 싶다면 Tip 1을 참고하라.

TIP 1 소리 내어 말하기 기법 활용하기

① 소리 내어 말하기 프로토콜을 잘 활용하기 위해서는 연습이 필요하다. 연구자는 연구가 시작되기 전에 피험자들을 대상으로 소리 내어 말하기 프로토콜을 연습시켜야 한다. 연습 방법의 일환으로 피험자들에게 자기 집에 방문이 몇 개인지를 말해 보게 한다. 이런 연습은 그들이 주어진 과제를 수행하면서 드는 생각을 언어적으로 표현하도록 하는 데 도움이 된다. 또한 이렇게 하는 것은 실험이 진행되는 상황에서도 자신의 생각을 크게 말하는 데 도움을 준다.

② 연습의 다음 단계는 사용성을 평가할 시스템의 활용 단계다. 만약에 피험자들이 침묵하고 있다면, 연구자는 지금 무슨 생각을 하고 있냐고 상기시켜 주어야 한다.

③ 본격적으로 소리 내어 말하기 프로토콜을 실시하기 전에는 참여자에게 무엇을 해야 하는지에 대해서 알고 있는지, 또 과제 수행 중에 그들의 발언, 생각 등을 녹음해도 되는지에 대해 물어본다.

④ 실제 사용성 평가에서 연구자는 참여자들이 계속 말을 하고 있는지를 확인해야 한다. 그러나 너무 강요해서는 안 되고, 과제를 수행하는 중에 소리 내어 말하기를 계속해야 한다는 사실을 상기시켜 주어야 한다.

⑤ 일단 사용성 평가가 끝나면, 자료를 분석하기 위하여 녹음한 자료를 전사해야 한다.

다른 형태의 언어 프로토콜 자료 수집 방법으로는 사후 프로토콜(post-event protocol)이라는 것이 있다. 이 방법은 사용성 평가를 한 후 참여자를 다시 실험실로 불러서 어떻게 그 과제를 수행하였는가를 묻는 방법이다. 만약에 참여자가 사용성 검사를 하는 모습을 비디오로 녹화해 두었다면, 연구자는 참여자와 함께 그것을 보면서 과제를 수행할 때 왜 그렇게 행동했는지에 대해 질문할 수 있다. 또한 참여자들은 자신들이 과제를 수행하는 동안에 느꼈던 주관적인 느낌에 관한 정보도 제공할 수 있다. 연구자가 음성 녹음을 한 경우에도 위의 방법을 똑같이 활용할 수 있다. 만약 연구자가 참여자의 사용성 검사 과정을 쭉 지켜보고 있었다면, 특정 부분(예를 들면, 대부분의 참여자가 문제를 보였던 메뉴 링크 같은 부분)에 초점을 두고 그 부분만을 보여 주거나 들려 주면서 참여자들에게 묻고 싶은 것을 물어볼 수도 있다. Monk 등(1993)은 사후 프로토콜은 참여자들이 말을 잘 하지 않는 경우에도 참여자들을 고무하여 그들이 과제를 수행하면서 겪었던 문제에 대한 정보를 얻을 수 있는 방법이라고 설명하고 있다. 또한 사용자들이 시스템을 사용하면서 특별히 유용하다고 생각한 인터페이스에 대한 정보를 연구자가 알 수 있게 해 준다는 점에서 매우 유용한 방법이라고 주장했다.

발견적 방법

발견적 평가(heuristic evaluation)는 시스템이나 프로토타입의 주요 핵심 부분에 대한 사용성을 평가해 보기 위하여 Milich와 Neilson(1990)에 의해 개발되었다. 발견적 방법은 의사결정을 하는 데 활용되는 원리다. 이 방법은 몇 명의 평가자가 개별적으로 시스템이나 프로토타입의 설계 등에서 나타나는 문제를 평가하는 방법이다. 이때 이들은 설계 발견 목차를 가지고 시스템을 평가한다. 평가자들은 단순히 시스템이나 프로토타입의 사용성 문제가 무엇인지를 알아내는 것이 아니라, 그 문제의 심각성을 목록화해야 한다. 발견적 방법에 대해서 반드시 알아야 하는 점은 이 방법이 설계 원리와 관련되어 있다는 점이다(5장에서 이에 대해 다룬다). 따라서 이러한 원리에 견주어 시스템을 평가하는 것이 바람직하다. 또한 발견적 평가는 사용자를 대상으로 하는 평가를 실시하기 이전에 수행하는 것이 좋다.

Neilson과 Landauer(1993)에 의하면, 일반적으로 5명의 평가자만 있으면, 시스템이나 프로토타입의 문제점을 75% 정도는 알아낼 수 있다고 한다. 그래서 이것은 매우 경제적인 방법으로 간주된다. 대부분의 평가자는 1~2시간이면 평가를 수행할 수 있고, 각 평가자들은 자신들이 평가한 시스템에서의 문제들만 평가지에 요약하면 된다.

그렇다면 시스템이나 프로토타입을 평가할 때 사용되는 발견적 평가의 원리들은 무엇인가? Preece 등(1994)은 다음과 같은 것을 발견적 평가의 원리로 소개하고 있다.

- 사용자가 이해할 수 있는 간단한 대화를 사용하라.
- 사용자의 작업기억 수준을 초과하지 마라.
- 일관성을 유지하라.
- 사용자에게 피드백을 제공하라.
- 사용자에게 적절한 오류 경고문을 제공하라.
- 오류 방지 기능을 제공하라.
- 단축키를 제공하라.
- 언제든지 프로그램을 종료할 수 있도록 하라.

이러한 발견적 평가의 원리는 모바일 기술 분석에 필요한 요소들을 모두 다루고 있다고 볼 수 있을까? Barber(2001)는 모바일 기술의 활용에 적합하기 위해서는 두 항목이 추가되어야 한다고 주장한다. 그것은 사용 환경의 적절성과 정보의 구조다. 이것들은 모바일 기술의 적용에서 중요한 요소라고 볼 수 있다. 만약 카페처럼 소음이 많은 곳에 있다면 친구가 왜 늦는지를 알기 위하여 휴대전화를 사용할 때 음성 명령어 방식보다는 키패드 입력 장치를 사용할 것이다. 또 다른 주요 요소인 정보의 구조는 작업기억의 한정된 용량과 관련되어 있다(2장에서 작업기억에 대해 언급한 것을 상기하라). 사람들은 열차 시간표 목록 서비스와 같이 긴 목록 서비스를 다 들을 필요는 없는 것이다.

그러나 발견적 평가에도 몇 가지 한계점이 있다. Bailey(2001)에 의하며, 발견적 방법에 의하여 도출되는 문제점 4개 중 1.5개는 평균적으로 잘못된 것이라고 한다. Andre(2001) 또한 발견적 평가에서 신뢰성 있고 정확한 정보를 얻기 위해서는 평가자의 전문성이 중요하다고 지적하였다. 따라서 발견적 평가 방법을 효과적으로 활용하기 위해서는 모바일 HCI의 연구 경험 또는 HCI 사용 경험이 충분한 사람을 평가자로 선정해야 한다. 또한 평가자들은 발견적 평가의 문제점 목록에 제시되어 있는 내용에 대해서도 모두 동의해야 한다. 발견적 평가 양식지에 관하여 자세히 알고 싶다면 Tip 2를 참고하라.

TIP 2 발견적 평가 양식

PDA로 대학 요람, 도서관 서비스, 강의 수강 정보 등에 접속하는 프로그램의 설계 프로젝트를 수행한다고 가정해 보자. [그림 4-1]은 프로그램 평가지의 예다. 다음의 예는 시스템을 총괄적으로 평가하기 위한 것이다. 발견적 평가를 실시해야 할 때, 특정 페이지나 장면에 대하여 조금 더 상세한 수준의 분석을 실시할 수 있다. 일단 이 평가지를 완성했다면 다른 평가자의 결과를 계산에 포함해 전체적인 평가 결과표를 작성하고 시스템의 주요 약점이 무엇인지 살펴보아야 한다.

평가 항목	문제의 심각성 정도		
시스템으로부터의 시각적인 피드백	하	중	상
사용자 통제와 자유	하	중	상
일관성	하	중	상
오류 메시지	하	중	상
빠져 나가기의 명시화	하	중	상
단축키의 제공	하	중	상
정보의 구조	하	중	상
아이콘	하	중	상
도움 기능	하	중	상
글자 크기	하	중	상
대화체	하	중	상
기타(구체적으로)	하	중	상
기타 의견			

[그림 4-1] 발견적 평가지의 예

인지적 시연

발견적 평가와 같이 인지적 시연도 전문가에 의해서 실시되는 시스템이나 프로토타입 사용성의 평가 방법이다. 이 방법은 Polson 등(1992)에 의해서 개발되었는데, 이들은 특정 과제를 수행할 때 사용자들이 어떤 인지적 활동을 수행하는지에 관심을 갖고 있었다. 인지적 시연은 얼마나 쉽게 사용자들이 학습하는 방법을 찾으며, 얼마나 효율적이며 만족스럽게 시스템을 사용하는지에 초점을 맞추고 있다. 이 방법에서는 어떤 과제를 완수하기 위해서 거쳐야 하는 각 단계를 사용자가 얼마나 쉽게 수행할 것인지를 평가하는 것이다. 따라서 평가자의 역할은 각 단계를 시연해 보면서 사용자의 요구를 충족하고 있는지의 여부를 평가하는 것이다. Tip 3은 인지적 시연을 실시하기 위해서 필요한 절차를 설명하고 있다.

TIP 3 인지적 시연의 실시

인지적 시연을 실시하기 위해서는 다음과 같은 절차를 따라야 한다.

① 평가자에게 시스템이나 프로토타입에 대한 상세한 설명서를 제공해야 한다. 그리고 평가하려는 시스템을 사용하게 되었을 때 사용자들이 수행하게 될 대표적인 실제 과제도 평가자에게 제공해 주어야 한다.

② 과제를 완수하기 위해서 거쳐야 하는 각 단계에 대한 설명을 목록 형식으로 만들어서 평가자에게 제시해 주어야 한다.

③ 또한 시스템이나 서비스를 인지적 시연을 통해 평가하려면 어떤 사람이 사용하게 될 것인지에 대한 정보도 평가자에게 제공해 주어야 한다. 사용자의 나이나 유사한 시스템을 사용한 경험 등과 같은 정보가 포함되어 있어야 한다.

이와 같은 일련의 과정을 잘 수행하기 위해서는 다음과 같은 정보 목록을 만들어서 평가자에게 제공할 필요가 있다.

과제 시나리오

사용자는 Red Hot Chilli Peppers가 부른 'By the Way'가 수록되어 있는 CD의 재고가 있는지를 확인하기 위해서 휴대전화로 자동 음악 카탈로그를 검색해야 한다. 이 서비스는 음성 입력 방식으로 운영된다.

[사용자 특성]

이 서비스를 사용하게 될 사람들은 휴대전화를 갖고 있으며 이와 같은 자동화된 서비스를 사용해 본 경험이 있는 18세 이상의 사용자들이다.

[서비스 사용법]

- 자동 음악 카탈로그 서비스는 광범위한 음악가, 앨범, 음악 장르별로 CD를 구매할 수 있는 기능을 제공한다.
- 구매를 돕기 위하여 선택한 음악에 대한 맛보기 기능을 제공한다.
- 각 단계마다 선택권을 제공한다. 안내 방송을 잘 듣고 자신이 원하는 항목을 말하면 된다. 만약 잘못 응답했거나 대답하지 않으면 서비스는 재차 묻도록 되어 있다. 만약 어떤 것을 선택할 것인지를 미리 알고 있다면, 안내 방송이 끝나기 전에 말해도 상관없다.
- 언제든지 '선택'이라고 말하면 좀 더 상세한 정보를 얻을 수 있다. 여기에는 메뉴 옵션을 다시 듣는 방법이나 자동 음악 카탈로그 서비스를 종료하는 방법에 대한 설명도 포함되어 있다.

[과제 완성 행동]

- 사용자는 서비스에서 제공하고 있는 여섯 가지 음악 장르에 대한 항목을 들어야 한다(블루스, 재즈, 클래식, 록과 팝, R&B, 소울).
- 그러면 사용자는 그중에서 하나를 선택하게 된다(이 사례에서는 록과 팝으로 하자).
- 그리고 사용자는 그 장르에 포함되어 있는 음악가의 목록을 듣고 찾고자 하는 음악가의 이름을 탐색하라고 요청한다(이 경우에는 Red Hot Chilli Peppers다).
- 목록에서 그 음악가의 CD를 선택한다(여기에서는 'By the Way').
- 이 CD에 있는 다른 음악의 맛보기 듣기를 해 본다(예를 들면, 'Cabron').
- 이 CD를 쇼핑카트에 넣는다.

- 그런 다음 사용자는 CD 값을 지불하고, 배송 정보와 지불 정보를 남긴다.
- 서비스의 사용을 마친다.

이상의 절차를 마친 후에는 다음의 세 항목을 평가하라.

- 찾기: 찾기란 이 과정과 관련된 정보를 찾는 것으로, 참여자들이 원하던 올바른 음악의 장르를 찾고, 그 음악의 장르 내에서 해당하는 음악가를 찾고, 그 음악가의 올바른 앨범을 찾는 것이다.
- 생성: 생성은 자신들이 원하는 정보에 접근하기 위해서 참여자들이 스스로 적합한 행동을 만들어 가는 과정이다.

평가자 관찰

이름: ___________

날짜: ___________

활동	찾기	생성	내비게이션	기타
1				
2				
3				
4				
5				
6				
7				
8				
9				

[그림 4-2] 발견적 평가지의 예

• 내비게이션: 내비게이션은 참여자들에게 음악 목록 서비스의 자료 구조를 둘러볼 수 있도록 허용하는 것이다. 예를 들면, 참여자가 특정 음악 장르에 포함된 음악가의 CD를 구입한 후 다른 음악 장르에도 들어가 내비게이션을 할 수 있는 것이다.

평가자는 참여자가 주어진 과제를 수행할 때 지각한 문제점뿐만 아니라 좋다고 지각하는 점도 동시에 파악해야 한다. [그림 4-2]는 관찰의 예시를 보여 준다. 일단 모든 평가자가 자신의 관찰지를 완성하면 자료를 모아서 사용자가 겪는 문제점에 관한 전체적인 개요로 정리한다. 그리고 문제점뿐만 아니라 그 서비스 설계의 장점은 무엇인지를 설명한다.

인지적 시연은 과제 분석이라는 일반적인 평가 기법에 해당하는 방법이다. 기본적으로 과제 분석은 과제를 구체적인 일련의 행동으로 분석하고, 그 행동 중 평가자들이 문제가 있다고 지적한 부분에 초점을 두는 방법이다. 과제 분석은 위계적 과제 분석이라고도 한다.

과제 분석 기법을 통하여 알게 된 사용성 문제나 기능적 문제점은 다음 단계인 제품 생산 단계나 프로토타입 개발 단계에서 수정되어야 한다. '5장 모바일 시스템의 설계에 대한 논쟁'에서 HCI 연구 기법에 대해 좀 더 자세히 다루고 있는 문헌을 일부 소개한다.

요 약

이 장의 목적은 구체적인 HCI 연구 기법을 연구자들에게 소개하기 위한 것이다. 이를 위하여 제일 먼저 언어 프로토콜, 그중에서도 소리 내어 말하기를 살펴보았다. 이 기법은 실험실에서 활용할 때 특히 더 유용하다.

다음에는 발견적 평가 기법을 살펴보았다. 언어 프로토콜과는 달리, 이 기법은 소수의 전문가로부터 자료를 수집하는 것이다. 효과적으로 이 기법을 적용하려면 모바일 인터페이스 평가의 목적을 명확히 알고 있으며 평가 경험이 풍부한 전문가에게 의뢰해야 한다.

마지막으로 과제 분석이라 알려져 있는 인지적 시연을 어떻게 수행하는가를 살펴보았다. 발견적 평가처럼 이 기법도 정해진 규칙에 따라서 전문적인 평가자에 의해 수행된다. 그러나 인지적 시연은 발견적 평가와는 달리 사용자들이 목표 과제를 달성하기 위하여 수행하는 일련의 행동을 순차적으로 분석함으로써 보다 구체적인 수준의 분석을 제공한다.

3장에서 언급한 일반적 수준의 연구 방법과 마찬가지로 이 장에서 언급한 연구 기법 또한 연구나 프로젝트의 목적에 따라 선별하여 사용되어야 한다는 것이 이 장의 핵심 내용이다. 또한 그것을 사용하는 데 필요한 자원이 활용 가능한지도 고려하여야 한다(예를 들면, 평가를 위해 필요한 수의 전문가 섭외 가능 여부 등).

자 · 기 · 점 · 검

- 소리 내어 말하기 프로토콜
- 발견적 평가
- 인지적 시연
- 사후 프로토콜

연·습·문·제

1. 당신이 지역 방문 간호사들의 업무를 위한 PDA용 소프트웨어를 개발하여 그것의 인터페이스를 평가한다고 가정하자. 간호사들은 각 가정을 방문하며, 환자의 정보를 관리하고, 그들이 시행한 처치를 PDA용 프로그램을 사용하여 기록할 것이다. 이 경우 인지적 시연 방법을 사용하여 평가한다고 할 때, 전문 평가자에게 줄 평가 양식지를 만들어 보라.

2. 스포츠 정보에 접속이 가능한 PDA 프로그램을 평가하고 자료를 수집하려고 한다. 이 경우 소리 내어 말하기 기법을 사용해서 자료를 수집할 때 어떻게 해야 하는지 설명해 보라.

참고문헌

Andre, T. S. (2001). The user action framework: a reliable foundation for usability engineering support tools. *International Journal of Human-Computer Studis*, Vol. 54, pp. 107-136. London: Academic Press.

Bailey, R. W. (2001). Heuristic evaluation vs user testing. UI design update newsletter–January 2001. http://www.humanfactors.com/library/jan001.htm.

Barber, C. (2001). *An Interactive Heuristic Evaluation Toolkit.* Master's Project, University of Sussex, UK. http://www.id-book.com/catherb/index.htm.

Ericsson, K. A., & Simon, H. A. (1985). *Protocol Analysis: verbal reports as data.* Cambridge MA: MIT Press.

Molich, R., & Nielson, J. (1990). Improving a human–computer dialogue. *Communications of the ACM, 33*(3), 338-348.

Monk, A., Wright, P., Haber, J., & Davenport, L. (1993). *Improving your Human-Computer Interface: a practical technique.* New York: Prentice Hall.

Nielson, J., & Landauer, T. K. (1993). A mathematical model of finding of usability problems. *Proceedings of INTERACT 1993,* pp. 206-213. New York: Academic Press.

Nielson, J. (1994). Heuristic Evaluation. In *Usability Inspection Methods.* John Wiley, New York.

Polson, P. G., Lewis, C., Rieman, J., & Wharton, C. (1992). Cognitive walk-throughs: a method for theory-based evaluation of users interfaces. *International Journal of Man-Machine Studis, 36*, 741-773.

Preece, J., Rogers, Y., Benyon, D., Hollan, S., & Carey, T. (1994). *Human-Computer Interaction.* Addison-Wesley.

읽을거리

Diaper, D. (1989) *Task Analysis for Human-computer Interaction.* Chichester: Ellis Horwood.

Dix, A., Finaly, J., Abowd, G., & Beale, R. (2004), *Human-Computer Interaction* (3rd ed.). Chapter 7. Prentice Hall.

Preece, J., Rogers, Y., Sharp, H., Benyon, D., Holland, S., & Carey, T. (1994). *Human-Computer Interaction,* Chapter 20. Addison-Wesley.

Wharton, C., Rieman, J., Lewis, C., & Polson, P. (1994). The cognitive walk-through: a practitioner's guide. In *Usability Inspection Methods.* John Wiley, New York.

제5장

모바일 시스템의 설계에 대한 논쟁

●●●●●

이 장에서는 모바일 시스템을 개발할 때 알아야 하는 설계와 관련된 논쟁에 대해서 다룬다. 우선 모바일 시스템 개발에서 인간중심설계 접근에 대해 알아보고, 실제로 모바일 시스템을 개발할 때 고려해야 하는 원리에 대해 논의한다. 그런 다음 모바일 시스템 개발을 위한 인간중심설계 접근법으로 활용될 수 있는 기법에 대해 살펴본다. 그리고 모바일 기기 개발에서 활용 가능한 다양한 상호작용 유형에 대해 다룬다. 마지막으로 이 장에서는 이러한 시스템을 설계할 때 사용할 수 있는 프로토타입 기법에 대해 다룰 것이다.

제5장

모바일 시스템의 설계에 대한 논쟁

인간중심설계

사용성은 성공적인 제품을 설계하기 위한 필수 요소다. 그렇다면 사용성이란 무엇인가? 사용성이란 사용자가 해당 제품의 사용 방법을 배우기 쉽다고 생각하는지, 실제로 사용하기도 쉽다고 생각하는지, 사용하는 것을 즐거워하는지 등을 의미한다. 국제표준협회(ISO)는 사용성의 개념을 다음과 같이 정의하고 있는데(영상표시 단말기를 가진 작업장에서의 인체 공학적 요구-2부: 사용성에 대한 안내, ISO 9241-11, 1998), 사용성의 요구 조건은 효과적이고 효율적이며 만족스럽게 사용자와 상호작용할 수 있는 시스템이어야 한다는 것이다. 효과성은 수행하려는 행동을 얼마나 잘 달성하느냐에 대한 것이다(예를 들면, 그 휴대전화는 당신이 원하는 영화 예매와 관련된 정보를 잘 제공해 주는가). 이에 비해 효율성은 그 시스템이 사용자가 특정 과제를 수행하는 데 잘 지원해 주었는지를 평가하는 것이다(예를 들면, 새로 개봉하는 영화에 관한 정보를 찾기 위한 메뉴 구조를 제공하는지에 관한 것). 만족감은 사용자들이 그 시스템을 사용하기가 얼마나 쉽냐는 것과 관련되어 있다.

Maguire(2001a)와 같은 연구자들은 유용한 시스템을 만들기 위해서는 인간중심설계를 시스템 개발에 적용해야 한다고 주장한다. 인간중심설계 방법의 주요 아이디어는 인간중심설계 ISO 표준 13407에 잘 소개되어 있다(상호작용 시스템의 인간중심설계 절차, 1999). 이 표준에 따르면 인간중심설계는 다음과 같은 4단계로 구성되어 있다.

- 사용 맥락을 이해하고 구체화하라.
- 사용자와 조직의 요구를 구체화하라.
- 설계와 프로토타입을 작성하라.
- 사용자 중심의 평가를 하라.

이 방법과 활동은 [그림 5-1]에 제시되어 있다. ISO표준을 보다

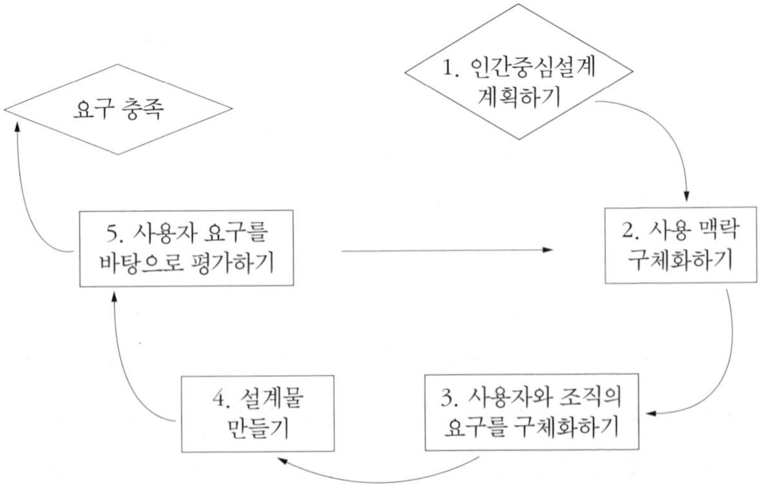

[그림 5-1] 인간중심설계 활동(ISO 13407)

자세히 알기 위해서, 각 단계에 대해 보다 구체적으로 살펴보자.

사용 맥락의 이해와 구체화

인간중심설계 절차에서 사용 맥락은 시스템이 사용될 물리적 · 사회적 · 기술적 · 조직적 조건에 대한 것이다(Marguire, 2001b). 사용 맥락 분석의 결과를 설계팀에게 제공하여 프로젝트의 설계와 평가 단계에서 활용될 수 있도록 해야 한다. 만약 휴대전화에서 제공되는 여행자 정보 안내를 설계하는 팀의 일원이라고 생각해 보자. 당신은 그 서비스가 어떤 맥락과 장소에서 사용될 것이라고 생각하는가? 우선적으로 사람들은 거리나 복잡한 기차, 버스와 같은 혼잡한 공공장소에서 휴대전화 서비스를 사용할 것이다. 또한 사람들은 카페, 미술관, 박물관과 같은 실내에서도 사용하기를 원할 것이다. 그러므로 사람들이 그러한 종류의 시스템을 사용할 때 접하게 되는 다양한 환경적 요인(이 서비스를 사용하는 데 가장 좋은 상호작용 방법은 무엇인가와 같은)을 설계 의사결정에서 꼭 고려될 수 있도록 해야 한다. 음성 입력과 키패드 입력을 항상 동시에 제공할 필요는 없으며, 상황을 고려해서 적절한 입력 방법을 선택해야 한다. 그렇지만 미술관 같은 곳을 방문했을 때에는 작품에 대한 설명을 검색하기 위해서 음성 입력 장치가 키패드보다 더 적절한 방법이 될 수 있다.

사용자와 조직의 요구 구체화

사용자와 조직의 요건은 사용자 집단의 특성과 그 사람들의 요구가 개발하고 있는 시스템에 어떻게 관련되어 있는지로 규정된다. 요건 정의는 그 시스템이 지원해야 하는 사용자의 활동이 무엇인지에 대한 명확한 설명을 제시하고 있어야 한다. 여기에는 사용자가 어떻게 그 시스템과 상호작용을 할 것인지에 대한 단계별 안내가 포함되어 있어야 한다. 또한 요건 정의는 이러한 업무를 지원하는 데 필요한 기능을 명확하게 제시하고 있어야 한다. 이 단계에서 연구자는 설계자에게 그 시스템이 사용될 가상의 시나리오에 대한 분명한 아이디어를 제공해야 한다.

그렇다면 사용자와 조직의 시스템 사용 요건은 어떻게 정의할 수 있을까? 잠재적 사용자를 대상으로 그들의 요구를 알아보기 위한 면담을 실시할 수도 있다(3장의 방법론 참고). 또한 이 장에서 소개되는 요건 정의 기법(카드 분류법이나 브레인스토밍 등) 중 하나를 활용할 수도 있다.

만약 어떤 조직에서 사용할 모바일 시스템을 설계하고 있다면, 그 조직의 요구에 맞는 설계를 하기 위하여 사용자들의 과업과 활동이 무엇인지를 알아내야 한다. 이러한 정보는 다양한 사용자와의 면담을 통해서도 얻을 수 있고, 또는 일주일 정도를 따라다니면서 같이 생활하며 관찰해 볼 수도 있다. 이렇게 함으로써 팀 구성원이 이동 중일 때 그들이 어떻게 활동을 하는지, 모바일 시스템이 사용자들의 직무를 효과적으로 수행하는 데 어떻게 기술적인 지원(예를 들면, 멀리서 회사 본부의 자료에 접근할 수 있다든지 하는)을 하는지에 대한 정보나 문제점을 알아낼 수 있다.

프로토타입 만들기

시스템의 세부 요구를 충족시키기 위한 설계는 다양하게 구현될 수 있지만 그 시스템이 사용자나 조직의 요구에 부합해야 한다. 설계 아이디어를 점검해 보는 방법 중의 하나는 프로토타입을 개발하여 사용자로부터 피드백을 받는 것이다. 사용자의 피드백은 더 나은 프로토타입을 개발하기 위하여 활용될 수 있다. 또한 완제품을 만드는 것보다 프로토타입을 만들어 시스템에 있는 결함을 발견하는 것은 훨씬 경제적인 방법이다. 프로토타입에는 크게 두 종류가 있는데, 하나는 종이 프로토타입이고 다른 하나는 컴퓨터 프로토타입이다(Preece et al., 2002).

종이 프로토타입은 사실성이 좀 낮은 기법으로 분류되며, 이 장의 뒷부분에서 설명하는 카드 분류법이나 스케칭과 같은 기법을 사용한다. 종이 프로토타입은 빠르고 저렴하다는 장점이 있고, 제품 설계의 초기 단계나 제품의 사용성 평가 단계에서 유용한 피드백을 이끌어 낼 수 있다. 연구의 시간과 예산이 제한되어 있는 상황이라면 이 기법을 활용해 볼 만하다. 그러나 종이로 제작되는 것이기 때문에 실제 개발될 제품보다 사실적인 느낌이 낮다. 바로 이런 이유 때문에 종이 프로토타입의 사실성이 낮은 것이다.

반면에, 컴퓨터 기반 프로토타입은 사실성이 높은 기법으로 사용자가 상호작용할 수 있는 기능을 한정적으로나마 제공한다. 이것은 주로 시스템의 사용성 평가를 위해 활용된다. 컴퓨터 화면에서 구현되는 것이지만 기능 작동이 가능하기 때문에 사실성이 높은 기법으로 구분된다. 이러한 컴퓨터 기반의 프로토타입을 만들어 볼 수 있는 휴대전화 에뮬레이터를 인터넷상에서 쉽게 구할 수 있다. 휴대전화 에뮬레이터는 이 장의 뒷부분에서 다시 다루기로 한다.

만약 인간중심설계 접근법을 개발에 활용한다면, 설계 과정에 사실성이 낮은 수준의 종이 프로토타입과 높은 수준의 컴퓨터 기반형 프로토타입을 모두 포함하는 것이 좋다. 그러나 예산과 시간이 제한된 모바일 HCI 연구를 수행한다면 사실성이 조금 낮지만 종이 프로토타입만을 활용해도 좋다.

평가하기

Preece 등(1994)에 따르면, 사용성 평가를 해야 하는 이유는 다음의 네 가지다.

- 실제 생활에서 사용자가 어떻게 사용하는지 알기 위하여
- 각기 다른 유형의 프로토타입의 설계를 비교하기 위하여
- 해당 제품이 사용성 요건을 충족하는지를 알기 위하여
- 해당 제품이 산업 표준을 준수하는지 확인하기 위하여

연구자가 인간중심설계 접근법을 따르고 있다면, 설계 단계에서 가능한 한 빨리 제품의 설계를 평가(형성평가)해 보는 것이 좋다. 최대한 빠른 시간 내에 사용성 평가를 해야 하는 이유는 사용자의 요구와 능력은 항상 설계팀의 생각을 앞서 나가기 때문이다. 형성평가뿐만 아니라 개발이 끝난 후에 사람들이 그것을 성공적으로 활용할 수 있는가를 확인하는 최종 평가(총괄평가) 역시 중요하다.

좋은 평가를 하려면 목표를 분명히 정의해야 한다. 휴대전화에서 제공될 관광 정보 안내를 설계한다고 할 때, 그 기기의 사용성을 평가하는 단계에서는 무엇을 평가할 것인지에 대한 구체적인 질문을 해야 한다. '사람들이 다양한 장소에서 그것을 사용할 수 있는가?' '원하는 정보에 접근하기가 얼마나 쉬운가?' 등의 질문이 이에 해당한다. Preece 등은 시스템이나 소프트웨어를 평가하는 방법에는 네 가지의 방법이 있다고 했는데, 그 내용을 요약하면 다음과 같다.

- **약식 접근법**: 이것은 초기 설계 아이디어에 관한 피드백을 얻기 위한 빠르고 비형식적인 방법이다. 이 방법은 설계자들이 직접

사용자들에게 어떻게 해당 서비스나 제품을 설계해서 사용자들의 요구와 기대치에 부합하게 할 것인지를 설명하고 이에 대한 피드백을 받는 평가 방식이다.

- **사용성 검사**: 사용성 검사는 특정 제품을 사용하여 과제를 수행할 때 그들의 수행에 관한 정보를 수집하거나 그 제품에 대한 태도를 평가하는 것이다. 사용성 평가에서 활용되는 수행 측정 유형에 대해서는 3장과 4장에서 과제 수행 시간 등을 소개하며 이미 다루었다. 또한 제품에 대한 사용자의 태도를 평가하기 위해서는 설문지법과 면담법이 보편적으로 많이 활용되고 있다고 소개하였다. 대부분의 사용성 검사는 주로 통제된 실험실 환경에서 실시된다.
- **현장 연구**: 현장 연구는 그 제품이 사용되도록 설계된 실제의 자연스러운 환경에서 연구를 실시하는 것이다. 현장 연구는 그 제품이 일상생활에서 사용자에게 어떠한 영향을 주는지를 이해하기 위한 것이다. 모바일 기기와 관련된 현장 연구 평가법의 중요성은 두말할 나위가 없다. 현장 연구에서 평가 자료를 수집하기 위하여 사용되는 방법으로는 관찰법, 민속기술법 등의 다양한 기법이 있다. 이 기법들에 대해서 3장과 6장에서 설명하고 있다.
- **예측 평가**: 이 접근법은 전문가가 그들의 지식을 활용하여 사용자가 시스템을 쓸 때 어떠한 문제점에 직면하게 될 것인지를 예측하는 것이다. 여기에서 사용할 수 있는 기법은 과제 분석과 발견적 평가법이다. 만약 이 접근법을 잘 모르겠다면, 4장을 다시 한번 참조하기 바란다.

모바일 시스템을 위한 인터페이스 설계 원리

이 절은 모바일 기기나 시스템의 설계 원리에 대한 것이다. 이러한 원리를 통하여 모바일 제품 개발을 위한 인간중심설계 방법의 다양한 요소를 이해할 수 있을 것이다.

사용 맥락

만약에 당신이 상호작용 시스템을 설계하고 있다면, 그 제품이 어떤 맥락에서 사용될 것인가에 대해 알아야 한다. 모바일 서비스나 기기를 설계할 때는 사람들이 나중에 그 기기를 혼잡한 카페나 기차 또는 공사장과 같은 역동적인 환경에서 사용할 수도 있음을 고려해야 한다. 또한 사람들이 장소를 이동하면서 네트워크 연결이 끊어지는 등의 문제를 겪을 수도 있는데, 이런 것들은 모바일 기기 사용에 영향을 줄 수 있는 잠재적인 요인이다. 모바일 기기를 사용하면서 길을 걸을 때는 방해 요소가 있을 수 있는데, 이것은 상호작용에 문제를 일으키거나(Brewster, 2002) 아주 번잡한 도로라면 듣기가 어려운 상황이 되기도 한다. 또 누군가가 접근해 오면 사용자들은 모바일 기기의 사용을 멈추든지 사용을 하면 안 된다는 생각을 할 것이다. 그 밖에 항상 직장 상사와 연결되어 있거나 자신의 활동이 감지되고 있다면 사람들은 이를 어떻게 받아들일까? 이와 같이 사용 맥락을 이해하는 것은 매우 중요하다. 이 밖에 실제 모바일 기기를 설계할 때 고려해야 하는 다른 설계 원리를 살펴본다.

일관성과 학습 가능성

모바일 인터페이스는 사용자의 기대를 충족해야 하는데, 사용자가 이전에 사용해 본 시스템이나 서비스의 인터페이스와 유사해야 한다는 의미다. 어떤 PDA는 MS 윈도우즈의 포켓 PC를 운영체제로 사용한다. PC와 동일한 운영체제를 사용함으로써 사용자가 새로운 시스템에서 파일을 저장하고 각종 소프트웨어를 새로 배우는 데 드는 시간과 노력을 줄일 수 있을 것이다.

완전히 새로운 인터페이스를 설계할 수도 있지만, 그렇게 하는 것이 때로는 사용의 편리성을 방해할 수도 있다. 이 경우 PDA를 이용해서 정보를 활용하는 새로운 기법을 배워야 하는데, 만약 그 방법을 배우는 것이 이전에 사용하던 방법보다 어렵다면 사용자들은 새로운 방법을 배우려고 하지 않을 것이다. 예를 들면, 어떤 PDA 프로그램은 사용자에게 손필기 기능을 제공한다. 그러나 이것을 사용하려면 이 기능을 배우기 위해 일정 시간을 투자해야 하고, 능숙하게 쓰기 위해서는 많이 연습해야 한다.

융통성

융통성은 사용자와 모바일 기기 간에 정보를 교류하는 상호작용에 관한 것이다. 사용자마다 모바일 기기의 활용에 대한 저마다의 요구와 기대를 갖고 있다. 따라서 시스템의 설계는 이러한 다양한 요구와 기대를 합리적인 수준에서 조절할 수 있어야 한다.

당신이 이메일, 단문자, 음성메일, 팩스 기능 등을 제공하는 휴대전화 서비스 개발팀에서 일한다고 생각해 보자. 이 서비스를 제공하기 위해서는 음성 입력 장치와 음성 출력 장치의 기능이 필요하다. 업무 목적으로 이 서비스를 사용하는 사람은 당연히 이 기능들이 평소에도 늘 제공되기를 바랄 것이다. 이런 사람들에게는 휴대전화에서 자신이 원하는 정보나 서비스를 가능하면 빠르고 효과적으로 찾을 수 있도록 단축키 등을 제공해 주는 것이 바람직하다. 반면에, 이 서비스 중 음성메일만 사용하는 사람이라면, 첫 단계부터 차례대로 자신들이 원하는 서비스를 이용할 수 있도록 안내를 제공하기만 하면 될 것이다.

융통성의 다른 측면은 PC나 인터넷으로부터 PDA로 정보를 다운받는 것처럼 다른 플랫폼 간에 정보를 얼마나 호환할 수 있느냐 하는 것이다. 플랫폼 간에 호환이 된다는 것은 좋은 것이지만, PDA의 한계점(작은 스크린 크기와 메모리 크기, 제한된 입력 방식 등)과 설계의 한계점을 고려해야 한다.

시스템 피드백과 지원

시스템 인터페이스는 사용자가 과제를 효율적으로 수행할 수 있도록 충분한 정보를 제공해야 한다. 인터페이스는 사용자에게 지금 어떤 과정이 일어났는지를 알려 주는 피드백 기능을 갖고 있어야 한다. 예를 들면, 지금 내가 어디 있는지, 다음에 뭘 해야 하는지, 어떻게 그곳에 갈 수 있는지 등에 대해 안내를 제공해야 한다. 휴대전화 서비스의 문제점 중 하나는 원하는 정보를 찾으려고 할 때 위계적인 메뉴 사이에서 방향감을 상실하기 쉽다는 것이다. Brewster(1997)는 전화기 기반의 인터페이스에서는 정보 검색을 하다가 방향감 상실을 경험할 수 있기 때문에 검색 단계를 최소화해야 한다고 주장한다. 이것은 다른 모바일 기기에도 해당되는 것이다.

만약 사용자들이 모바일 기기를 사용하고 있을 때 무선통신이 두절된다면, 이러한 상황을 대비한 지원 방안을 고려해야 한다. 예를 들면, 각 가정을 이동하면서 환자를 돌보는 간호사를 떠올려 보자. 이들은 PDA 기기를 써서 각 환자의 정보, 증상, 치료법을 입력하는데, 이 정보는 자동적으로 건강센터의 데이터베이스에 저장된다. 만약 간호사가 정보를 입력하고 있을 때 무선통신이 끊어지면 어떨까? 잘 만들어진 시스템이라면, 무선통신이 다시 연결되었을 때 이전에 입력하던 정보를 처음부터 다시 입력하라고 하지 않고 나머지 정보를 입력하라는 피드백을 줄 것이다.

모바일 상호작용의 유형

이번에는 모바일 기기나 시스템에서 활용할 수 있는 다양한 상호작용 유형에 대해서 살펴보자. 사용자들이 모바일 기기와 상호작용을 할 때 그들이 활용할 수 있는 상호작용 유형은 한정되어 있다. 이러한 상호작용 유형에 대해 좀 더 알아보자.

문자 입력

사용자가 활용할 수 있는 입력 방식은 모바일 기기에 따라 다르겠지만, 다음과 같은 것들이 가능하다. 키보드 입력, 터치스크린, 직접 쓰기를 통한 입력, 숫자 키를 이용한 글 입력(모바일 기기의 가장 기본적인 입력 방식) 등이 있다. 여기에서 중요한 점은 사용 환경에 따라서 어떤 입력 방식은 활용상의 제약을 받을 수도 있다는 것이다. 예를 들어, 사용자가 기차에서 PDA를 가지고 회의 메모를 작성하려고 한다면, 사용자들은 분리형 키보드를 연결하여 사용할 수 있는 충분한 공간이 필요할 것이다. 또한 직접 쓰기를 통한 입력 기능을 가진 모바일 기기라면, 사용자들은 필기 인식률을 높이기 위해서 미리 연습을 해 봐야 한다. 그렇지 않다면 이 기능을 활용하는 데 꽤 오랜 시간이 걸릴 것이다.

이와 더불어 내용과 관련된 쟁점도 고려해야 한다. 기차를 타고 가던 어떤 사용자가 PDA의 응용 프로그램을 사용하기 위해서 서너 번 이상의 단계를 거쳐 메뉴에서 프로그램을 선택해야 한다면, 키보드 입력 방식을 사용하기보다 터치스크린 방식을 사용하는 것이 훨씬 실용적이다. 어떤 입력 방식을 채택할 것인지는 사용자가 직면하고 있는 요구를 가장 적합하게 반영해야 하며, 이런 것이 바로 응용 프로그램의 사용 맥락이라는 것이다.

음성 입력

또 다른 상호작용 유형으로는 음성 인식 기술을 휴대전화에 적용한 음성 입력 방식을 들 수 있다. Bristow(1986)는 치약을 예로 들어 효과적인 음성 인식 시스템을 설계하는 것이 얼마나 어려운 것인지를 명확하게 설명한 바 있다. 즉, 그에 따르면 음성 출력은 마치 치약을 짜는 것과 같이 쉽게 생성되는 것이지만, 음성 입력은 짜 놓은 내용물을 다시 치약 튜브 안으로 집어넣는 것과 같이 아주 힘들고 어렵다는 것이다. 음성 인식 시스템은 일반적으로 화자 종속형 시스템과 화자 독립형 시스템으로 구분된다.

화자 종속형 시스템 화자 종속형 시스템에서는 사용자가 표준이 되는 단어를 말하면 시스템에서 그 단어를 사용해(사용자에 대한) 음성 인식 절차를 수행한다. 이 과정에서 사용자는 표준 단어들을 여러 차례 반복함으로써 시스템은 특정 사용자의 목소리를 판독할 수 있는 템플릿을 형성하게 된다. 문서편집기 등에 탑재되어 있는 이와 같은 음성 인식 패키지를 사용해 본 적이 있을 것이다.

화자 독립형 시스템 반면에 화자 독립형 시스템은 특정 사용자의 목소리를 활용한 템플릿을 사용하지 않는다. 이런 유형의 시스템은 많은 사람의 음성 표본으로부터 미리 지정된 단어들만을 사용한다. 화자 독립형 시스템은 화자 종속형 시스템에 비하여 정확성이 낮다. Noyes(2001)는 현재 사용되고 있는 화자 독립형 인식 시스템은 다양한 어휘를 처리하는 데 한계가 있다고 지적한다. 많은 음성 기반 자동 전화 서비스에서 숫자 형식의 메뉴를 사용하는 것도 바로 이런 이유 때문이다. 즉, 사용자는 이러한 숫자 형식의 메뉴(예를 들면, 영화 목록을 원하시면 1이라고 말하시고, 입장권 가격을 원하시면 2라고 말하세요)를 사용함으로써 정확성을 높일 수 있다. 그렇지만 시간이 많이 걸리기 때문에 통화비 부담이 커질 수 있다.

다음에는 자동 휴대전화 서비스의 메뉴와 관련된 쟁점들을 상세히 살펴본다.

자동 휴대전화 서비스의 메뉴에 대한 쟁점

자동 휴대전화 서비스는 위계적으로 구조화된 메뉴로 구성되어 있지만 어떤 방식으로 메뉴를 선택해야 하는지에 대한 정보를 갖고 있지 않은 경우가 많다. 메뉴 목록의 선택 사항이 너무 길면 사용자들의 단기기억(이 용어에 익숙하지 않다면 2장의 내용 중에서 개인차와 관련된 내용을 참조할 것)에 과부하를 주게 되고 결과적으로 사용자들은 무엇을 해야 하는지를 모른 체 혼동을 일으키며 결국에는 시스템에 대하여 짜증을 느끼게 된다.

왜 이런 문제가 발생하는가? 바로 음성 기반 인터페이스와 그래픽 기반 인터페이스의 차이 때문이라고 할 수 있다. 그래픽 사용자 인터페이스(Graphic User Interface: GUI)는 그래픽, 문자, 아이콘, 메뉴, 비디오, 오디오 등으로 정보를 제시할 수 있다. 이런 다양한 모드들은 단기기억을 보조하거나 자료 탐색을 도와주는 용도로 사용될 수 있다. 즉, 사용자는 자신이 원하는 기능을 찾기 위하여 메뉴들을 시각적으로 둘러볼 수 있다. 그렇지만 음성 기반 인터페이스에서는 단기기억을 보조할 만한 방법도 없고, 정보도 동시에 여러 가지로 한꺼번에 제시되지 못하고 차례로 설명해야 한다는 단점을 갖고 있다. 그렇기 때문에 음성 시스템에서 음성을 사용할 때에는 전달하려는 정보와 자료를 탐색하는 방법에 대한 정보를 동시에 담고 있어야 한다. Brewster(1997)에 따르면 음성 기반 서비스의 문제들은 바로 이런 점 때문에 발생한다는 것이다.

그렇다면 단기기억 과부화와 관련된 문제는 어떻게 다뤄져야 하는가? 사용자가 겪게 되는 과부하의 문제를 줄이기 위하여 세 가지 접근 방법, 즉 대화형 인터페이스, 이어콘, 메타포를 시도해 볼 수 있다. 각 내용에 대해서 살펴보자.

대화형 인터페이스 대화형 인터페이스를 가장 잘 정의하는 방법은 이 장의 앞부분에 소개된 인터페이스 유형 중 하나에 대해서 설명하는 것이다. Schmandt(1987)는 자동응답 기능을 가진 Phone Slave라는 자동 전화 서비스를 제안하였다. 부재중일 때 어떤 사람이 전화를 걸었다면, 이 시스템은 전화 발신자에게 누구이며, 용건이 무엇인지 등 일련의 질문을 한다. 이런 질문은 발신자의 통화 의도를 이해하기 위하여 질문을 하는 것이 아니라, 발신자가 남긴 대답을 들려주기 위하여 정보를 저장하는 것이다. 예를 들면, 사용자가 "누가 메모를 남겼어?" 하고 말하면, 그 기기는 발신자에게 "전화 건 사람은 누구세요?"라고 질문했을 때 발신자가 남긴 답변을 주인에게 제공해 주는 것이다.

Schmandt는 대화형 인터페이스는 발신자로부터 음성 정보를 얻는 데 매우 유용한 방법이라고 지적하면서, 이것이 잘 활용되기 위해서는 명확하고 신속한 대화가 시스템으로부터 제공되어야 한다고 주장한다. 발신자에게 정보를 얻는 이런 서비스가 제대로 작동되기 위해서는 발신자들이 대화에 협조적인 태도를 갖고 있어야 한다. 그렇다고 해서 굳이 안내를 따르지 않는 비협조적인 사람을 일일이 고려할 필요는 없다. 단순히 '소리가 난 후 메모를 남기세요.'라는 것보다 일련의 체계적인 질문을 연속적으로 제시함으로써 시스템은 사용자들이 보다 완전한 정보를 남기도록 도와줄 수 있기 때문이다. 이렇게 함으로써 그 시스템은 대화를 통제하는 것처럼 보이고, 어느 정도의 지능을 가진 것처럼 보일 수 있다.

대화형 인터페이스를 활용한 또 다른 예는 Philips TABA 기차 시간표 정보 서비스(Souvignier et al., 2000)와 SpeechWorks 항공편 예매 서비스(Barnard et al., 1999)에서 찾아볼 수 있다. 이 두 시스템 모두 음성 인식 기능의 정확성을 높이기 위하여 시스템 주도의 대화 방식을 사용하고 있다. 그러나 여전히 자연언어를 인식하는 대화형 인터페이스에는 일부 문제점이 존재한다. 단어의 수가 늘어나면 인식을 못한다든지, 잘못 인식을 하였을 때 다시 보완하는 방법 등이 아직 미진하다. 한 번 사용해 본 사람들이 그 시스템을 다시 사용하고 싶은 마음이 들도록 만드는 것과 그 시스템이 어느 정도 사용자의 발문을 이해하는 능력이 있다고 확신을 가질 수 있도록 하는 것이 여전히 중요한 문제로 남아 있다.

이어콘 Blattner 등(1989)은 이어콘(earcon: 컴퓨터 작업 수행을 나타내는 음성 신호)을 인터페이스와 결합된 소리를 사용한 신호 체계라고 정의하였다. 그들은 이어콘이 정보 의사소통이나(Brewster et al., 1993) 비언어적 인터페이스를 사용할 때 메뉴 탐색에 관한 힌트를 주는 데 효과적이라는 사실을 발견하였다(Brewster et al., 1996). Leplater와 Brewster(2000)는 휴대전화와 같이 제한된 스크린 크기를 갖고 있는 경우, 이어콘과 결합된 메뉴를 사용하는 것이 단지 시각적 인터페이스만을 사용하는 것보다 더 효과적이라는 사실을 밝혀냈다.

이것은 이어콘이 음성기반 휴대전화 서비스에서 정보 탐색을 증진시키는 중요한 역할을 한다는 사실을 시사한다. 그러나 이어콘의 영향은 제한적이다. 왜냐하면 휴대전화를 기차와 같은 공공장소에서 사용할 때 발생하는 배경 소음과 모바일 네트워크 환경 때문에 이어콘의 음질이 떨어질 가능성이 있기 때문이다.

메타포

제록스 스타의 그래픽 사용자 인터페이스가 메타포를 적용한 최초의 인터페이스 설계다(Smith et al., 1982). 이것이 우리가 지금 익숙한 데스크톱 메타포의 기원이다. 인터페이스 메타포는 익숙한 영역의 사전지식을 새로운 영역에 적용함으로써 사용자의 사용성을 높이기 위한 것이다. 데스크톱 메타포의 경우에는 파일, 폴더, 휴지통 등 사무실의 물리적인 요소를 컴퓨터에서 정보의 조직과 표상을 위한 시각적인 틀로 사용하였다. 중요한 것은 인터페이스상에서 표시되는 요소에 대한 이름을 어떻게 지정할 것인지의 문제다. 인터페이스 메타포는 회사를 대표하는 상징으로 인식되기도 하는데, 컴퓨터 제조업체인 애플이 대표적인 예라고 할 수 있다. 사람들은 애플이라는 명칭 때문에 시스템이 덜 복잡한 것으로 지각하기도 한다.

익숙한 영역의 사전지식을 새로운 컴퓨터 기반 환경에 적용시키는 또 다른 예는 온라인 쇼핑 사이트에 나오는 쇼핑카트에서도 찾아볼 수 있다. 사람들은 그들이 원하는 것을 쇼핑카트에 넣을 수도 있고, 계산대에서 그 물건에 대한 돈을 지불할 수도 있다. 이 메타포는 온라인 쇼핑을 즐기는 사람들에게 널리 애용되고 있다.

그러나 Marcus(2002)에 따르면, 데스크톱 메타포는 더 이상 새로운 기술공학이나 상호작용 패러다임에 맞지 않다고 한다. Marcus는 새로운 패러다임인 컴퓨터 지원 협력 작업(Computer Supported Collaborative Work: CSCW)과 가상현실이 점차 확대되면서, 이전의 작업 환경이 개인 컴퓨터였다면 오늘날에는 여러 사람이 서로 다른 위치에서도 함께 일하는 환경으로 변화되고 있다고 지적하였다. 그렇다면 이것이 모바일 기술에 주는 함의는 무엇일까?

제일 먼저 인식해야 하는 것은 모바일 시스템이 종종 데스크톱 환경과는 전혀 다른 환경에서 사용된다는 점이다. 방문 간호사는 각 가정을 방문하면서 환자의 정보를 업데이트하기 위하여 인터넷이 가능한 PDA를 활용한다. 모바일이라는 환경을 떠나서, 기기의 크기나 스크린의 사이즈를 고려한 새로운 메타포의 개발이 이루어지고 있다. 노트북은 책을 은유하여 개발되었고, 팜파일럿 같은 PDA는 종이와 연필을 은유하여 설계된 것이다.

몸동작과 청각적 힌트에 바탕을 두고 개발된 PDA 메타포도 있다. Pirhonen과 Brewster(2002)는 몸동작과 청각적 힌트를 사용하여 PDA로 디지털 음악 재생기를 제어하는 방법을 개발하였다. 이 시스템의 목적은 비시각적인 상호작용 수단을 제공함으로써 사용자들이 현재의 물리적 환경에 대해 주의를 집중하도록 만들기 위한 것이다. 사용자들이 손을 왼쪽에서 오른쪽으로 움직이면 다음 트랙으로 넘어가고 반대로 움직이면 이전 트랙으로 돌아간다.

Howell 등(2005)은 모바일 기기를 위한 또 다른 메타포의 개발 방법을 제시하고 있다. 이들은 모바일 도시 음성 안내 서비스에 사무실의 파일 정리 메타포를 적용한 방식과 일반 음성 방식을 적용한 방식의 사용성을 비교하였다. 구체적으로 나이, 성별, 인지적 기술과 같은 개인차가 모바일 장비를 사용하는 태도와 수행 수준에 미치는 영향을 연구하였다. 모바일 도시 안내 서비스를 위한 두 유형(사무실 메타포 방식과 음성 방식)의 기능성 서비스를 위해서는 오즈의 마법사 방법을 사용하였다. 모든 참여자는 6주 동안 공공장소나 개인적 장소 등지에서 주어진 과제를 수행하였다.

연구 결과에 따르면, 사무실의 메타포 방식은 일반 서비스 유형보다 사용자들의 개인차를 줄일 수 있었던 것으로 나타났는데, 이는 일반 음성 기반 서비스를 사용하는 집단에서 개인차에 따라서 과제 수행 수준과 태도가 더 많이 달라졌음을 의미한다. 이 결과는 불특정 다수를 대상으로 하는 음성 기반 자동전화 시스템의 사용성을 높이기 위해서는 인터페이스 메타포를 사용하는 것이 바람직하다는 사실을 함의한다. 따라서 인터페이스 설계에서 메타포를 적용함으로써 사용자의 수행 증진을 촉진시킬 수도 있으며, 더욱 효율적이며 만족스러운 시스템 사용 방법을 제시할 수도 있다.

사용자 중심의 요건 정의 기법

이 절은 모바일 기기나 제품 개발을 위하여 인간중심설계를 활용할 때, 사용자 요건 정의를 어떻게 하는지 설명하기 위한 것이다. 사용자를 고려하는 것은 선택 사항이 아니라 필수적인 고려 요소다. 사용자들이 어떤 장비를 사용하지 않거나 좋아하지 않는다면, 그 이유를 파악하고 있어야 한다.

카드 분류법

만약에 이 장의 앞에서 설명한 인간중심설계를 적용하고 싶다면, 참여자들이 모바일 기기에 대해 가지고 있는 정신모형(그들이 생각하는 그 서비스의 구조는 어떻게 생겼는지)을 표상할 수 있는 방법을 생각해 봐야 한다. 카드 분류법을 적용하면 사용자의 정신모형을 구현할 수 있다. 이 기법은 참여자에게 그 서비스의 구조가 '어떻다'라고 강요하는 것이 아니다. 사용자들이 원하는 서비스의 구조를 직접 만들어 보게 하는 것이다. 카드 분류법은 빠르고, 쉽고, 저렴하게 활용할 수 있는 방법이다.

카드 분류법은 순환적 설계 과정(interation design process)에서 첫 번째 단순 프로토타입을 만들 때 종종 사용된다. 기본적으로 이 기법은 정리되지 않은 생각들을 항목별로 분류하는 데 유용하다(McDonald & Schvaneveldt, 1988). 카드 분류법은 인터페이스 설계자에게 사용자들이 어떻게 항목을 분류하는가에 대해 알 수 있게 해줌으로써, 사용자의 요구를 반영한 서비스의 구조를 개발하는 데 도움을 준다. 이와 같이 사용자의 요구가 반영된 서비스 구조를 적용한다면 효과적인 정보 검색에 도움이 될 것이다. Rosenfeld와 Morville(1998)에 의하면, 카드 분류법은 설계자에게 사용자들이 머릿속에 있는 정보를 어떻게 조직하고 정보 공간을 구조화하는지에 관한 정보를 줄 수 있는 기법이라고 한다. 또한 이 기법은 설계자에게 사용자들이 어떤 항목을 분류하는 데 어려움을 겪는지에 대해서도 알려 준다. 그렇다면 카드 분류법은 어떻게 사용하는 것인지 Tip 1에서 좀 더 자세히 살펴보도록 하자.

TIP 1 카드 분류법

① 새로운 휴대전화 기반의 관광 정보 안내를 설계하고자 한다고 가정하자.

② 실험 참여자를 방에 모으고, 새로운 휴대전화 기반의 관광 정보 안내 서비스를 설계하는 것을 그들에게 설명한다.

③ 참여자들을 3~4명 규모의 소집단으로 나눈다.

④ 각 집단에 카드를 한 세트씩 나누어 준다. 각 카드 낱장에는 새로운 서비스에 포함될 메뉴 항목이 하나씩 적혀 있다. 예를 들면 다음과 같다.

- 환영 인사
- 오락
- 술집
- 식당
- 영화관
- 여가 센터

⑤ 또한 빈 카드를 제공하여 참여자가 메뉴 항목 중에 더 필요하다고 생각하는 것이 있으면 적게 한다.

⑥ 그런 다음 참여자에게 새로운 휴대전화 서비스에 활용될 메뉴 구조를 한번 정렬해 보라는 지시를 한다. 이때 맞고 틀리는 것은 없다고 알려 주어야 한다. 또한 각각의 카드를 모든 항목으로 유의미하게 분류만 하면 된다고 일러줘야 한다.

⑦ 이 활동을 하기 위해 약 30분 정도의 시간 제한을 두는 것은 좋다. 물론 시간 제한의 길이는 설계하고자 하는 서비스의 규모에 따라 다르다. 보다 복잡한 서비스라면, 분류해야 할 카드가 훨씬 많을 것이다.

⑧ 카드 분류하기 활동이 끝난 다음에는 참여자에게 자신들이 설계한 것을 가지고 어떻게 다른 정보로 접근할 수 있는지를 설명하게 한다. '영화관이 어디 있는지 어떻게 찾을 수 있는가?'와 같은 질문을 주고, 각 집단에서 한 명씩 대표로 발표하도록 한다.

⑨ 앞의 마지막 단계는 카드 분류법을 적용할 때 발생할 수 있는 두 가지 문제점을 고려한 것이기 때문에 중요하다. 즉, 이 방법을 적용할 때 참여자들은 실제로 그 내용이 무엇이었는지 잘 모를 수 있을 뿐만 아니라 어떻게 그 과제를 수행할 수 있었는지의 과정도 인식하지 못하는 경우가 있기 때문이다.

특정 서비스에 대해 참여자가 생각하는 공간적 구조를 알아보는 또 다른 기법으로는 스케칭이 있다.

스케칭

스케칭은 참여자들로 하여금 그들이 사용하고자 하는 서비스의 구조를 직접 그려 보라고 하는 것이다. 그런 다음에 참여자에게 왜 그렇게 그렸는지를 설명하게 한다. 연구자는 또 특정 과제를 주고 수행해 보라고 시킬 수도 있다. 이 기법의 한 가지 단점은 참여자가 그리기 실력이 부족할 때는 효과적이지 않다는 것이다. 연구자는 불분명해서 이해가 어려운 부분에 대해서는 다시 분명히 그려 달라고 참여자에게 요청해야 한다.

브레인스토밍

카드 분류법이나 스케칭과 마찬가지로 브레인스토밍은 설계 과정의 초반부에 유용하게 활용될 수 있다. 특히, 브레인스토밍은 새로운 시스템을 개발할 때 유용하다. 이 기법은 매우 오랫동안 활용되고 있으며, 창의적인 설계 아이디어를 개발하는 데 유용하다(Osborn, 1963). 브레인스토밍을 적용하기 위해서는 새로운 제품을 설계하는 데 초점을 두고 함께 참여할 전문가 집단이 필요하다. 당신이 이동통신 회사에서 일한다고 가정하자. 브레인스토밍을 제대로 적용하려면 그 제품의 설계와 관련된 모든 전문가(제품 홍보 담당자, 사용성 평가자, 디자인 설계자 등)가 모여야 한다. 이렇게 하는 것은 각기 다른 관점을 가진 사람들로부터 다양한 영역의 아이디어를 이끌어 내기 위해서다. 아이디어의 생성 과정에서 비판이나 판단은 사람들의 창의적인 생각을 막을 수 있기 때문에 금지된다.

프로토타입 기법

만약 인터페이스 설계에 관한 연구를 수행하고 있다면 프로토타입을 만들어 보는 것이 의도한 대로 인터페이스가 설계되고 있는지 확인하는 데 도움이 될 것이다. 실제 모바일 제품 설계에서 프로토타이핑은 순환적 설계 과정의 한 부분으로 활용되고 있다. 만약에 당신이 정보 구조 설계자나 사용성 전문가와 같은 설계팀의 일원이라면, 시스템에 최종적으로 들어갈 기능을 알아내기 위하여 특정 부분의 기능을 평가해 볼 수 있도록 프로토타입을 설계해 달라는 부탁을 받을 것이다.

이 장의 앞부분에서도 언급했듯이 프로토타입을 만들기 전에 사용자가 수행할 과제가 무엇인지, 어떻게 그 과제를 수행하는지에 대한 계획이 미리 마련되어 있어야 한다. 일단 이러한 시나리오가 명확하게 정해지면, 프로토타입을 만들기 위한 구체적인 과정을 생각할 수 있다. 휴대용 장치의 프로토타입을 개발하는 기법으로는 지필형과 에뮬레이터가 있다. 이것들에 대해 자세히 알아보자.

지필형 프로토타입

지필형 프로토타입(paper and pencil prototyping)을 개발할 때의 장점은 싸고 이용하기가 쉽다는 점이다. 기본적으로 이 기법은 인터페이스의 부분 중 테스트해 보고 싶은 부분을 종이나 카드에 구현한 것이다. 이를 위해서는 그리기 소프트웨어가 사용된다.

제일 먼저 할 일은 기기를 설계하는 것이다. 실험 참여자는 지필형 휴대전화 단말기 인터페이스를 사용해 보게 된다. 주의할 점은 화면의 공간이 실제의 것보다 조금 더 커야 한다는 점이다. 왜냐하면 사람들의 육필은 컴퓨터의 타자체보다 좀 더 공간을 많이 차지하기 때문이다.

그런 다음 사용자가 그 시스템과 상호작용할 때 각 단계에서 화면에 나타날 정보를 차례대로 만든다. 이 과정에서 메뉴의 목록, 글자 입력 필드, 하이퍼링크 등도 포함될 것이다. 또한 한 화면에서 다른 화면으로 넘어갈 때의 '입력 대기 커서'를 어떻게 표현할지, 버튼이나 소프트키와 같은 사용자 인터페이스 요소를 어떻게 표현할지에 대해서도 생각해야 한다. 지필형 프로토타입을 만드는 좋은 방법에 대하여 더 알고 싶으면, Scott Weiss(2002)의 책(포켓용 사용성 검사)의 5장을 참고하라.

에뮬레이터의 활용 프로토타입

에뮬레이터(emulator)가 지필형 프로토타입보다 좋은 이유는 빨리 만들 수 있기 때문이다. 이상적으로 가장 좋은 프로토타입 검사 방법은 실제 모바일 기기를 가지고 검사를 하는 것이다. 그러나 매번 실물기기를 만들기는 쉽지 않다. 그러므로 이를 보완하는 하나의 방법은 데스크톱 에뮬레이터을 활용하는 방법이다.

그러나 데스크톱 에뮬레이터를 사용할 때 발생할 수 있는 심각한 문제점이 있다. 첫째, 어떤 사람은 이것이 모바일 기기라고 생각하기보다는 또 다른 컴퓨터용 소프트웨어의 하나라고 인식할 수도 있다는 점이다. 둘째, 사용자들은 에뮬레이터와 상호작용하기 위하여 컴퓨터의 마우스나 키보드를 사용하는데, 실제 모바일 기기에서는 마우스나 키보드를 활용할 수 없으므로 입력 장치가 현실적이지 못하다는 점이다. 마지막으로 외양이 실제의 기기와는 다르다는 점도 문제다.

그래서 항상 참여자에게 이것은 프로토타입이지 실제 장비가 아니라는 점을 주지시켜야 한다. 연구자도 스크롤이나 문자 입력 등의 기능을 제공하여 프로토타입이 최대한 실제와 비슷하게 보일 수 있도록 만들어야 한다. 또한 화면에 나타나는 정보의 제시 속도 역시 시스템에 대한 사용자의 지각에 영향을 미치기 때문에 정보가 갱신되는 속도에도 주의를 해야 한다.

오즈의 마법사 프로토타입

오즈의 마법사 기법(the Wizard of Oz: WoZ)은 전체적으로 기능을 하지는 않지만, 부분적으로 기능을 하는 인터페이스 시뮬레이션을 사용하는 것이다. 이 기법은 실험 보조자가 컴퓨터를 대신하여 참여자와 상호작용하는 역할을 하도록 하는 것이며, 이 실험 보조자가 마법사인 셈이다. 이 기법은 F. Baum(1900)의 책 『오즈의 마법사』에서 이름을 따왔다. 이 기법은 때때로 PNAMBIC(Pay No Attention to the Man BehInd the Curtain) 기법이라고도 불린다. 오즈의 마법사 프로토타입은 휴대전화 회사들이 개발 단계에서 서비스를 테스트해 볼 때 자주 활용하는 기법이다.

Fraser와 Gilbert(1990)는 오즈의 마법사 시뮬레이션을 만들기 전에 다음의 세 가지 조건이 먼저 충족되어야 한다고 하였다.

- 마법사는 사실적으로 그 컴퓨터 시스템을 가상 구동할 수 있어야 한다.
- 시스템의 설계자는 가상 구동을 하기 전에 시스템의 기능에 대해 충분히 이해하고 있어야 한다.

- 오즈의 마법사 시뮬레이션은 사용자들이 '실제' 시스템과 상호작용하고 있다고 착각하도록 만들어야 한다. 어떤 상황인가에 따라서 쉽게 이런 착각을 유발시킬 수도 있다. 예를 들면, 화면을 통해 문자로만 의사소통을 하는 시스템의 경우에 마법사는 일일이 타이핑 속도대로 글을 나타나게 하지 않고, 한꺼번에 한 줄씩 글을 나타내 주어도 된다. 그러나 음성 출력 시스템과 같은 경우에는 이러한 방식이 조금 어렵다. Fraser과 Gilbert (1990)는 (이것이 좋은 아이디어인지는 모르겠지만) 마법사의 음성을 보다 더 기계음처럼 들리게 하고, 시스템의 성능에 상응하는 제한적인 반응을 하는 것이 중요하다고 보았다. 몇 가지 대화형 프롬프트만을 사용하는 시스템이라면 간단히 마법사의 역할을 규정할 수 있을 것이다. 그러나 자연스러운 대화를 구현하기 위한 시스템이라면 이에 상응하는 마법사의 역할이나 반응을 구성하는 것이 더욱 어려워진다.

Fraser과 Gilbert(1990)는 오즈의 마법사 시뮬레이션에 관한 부분적 분류법을 제공하였다. 이들은 오즈의 마법사 기법을 음성 및 타이핑을 사용하는 자연언어 방식과 그래픽 유저 인터페이스 및 키패드 입력에서 상징을 조작하는 방식으로 구분하고 있다.

자연언어 방식은 다시 두 가지로 분류된다. 하나는 참여자와 마법사 중 하나만 자연언어를 사용하는 경우고, 또 다른 하나는 참여자와 마법사 둘 다 자연언어를 사용하는 경우다. 참여자만 자연언어를 사용하는 경우는 Hauptmann(1989)의 연구에 의해 소개되고 있다. 이 연구에서 참여자는 음성 명령어를 사용하여 컴퓨터 화면에 나타난 그래픽 이미지를 조작하도록 지시받았다. 이때 마법사는 지시문을 키보드로 입력하면서 참가자의 명령에 반응을 하였다. 마법사가 자연언어를 쓰고, 사용자가 비언어적 방법을 쓴 예는 Labrador와 Dinesh(1984)의 연구에 나타나 있다. 이 연구에서 참여자는 전화기의 키패드를 이용하여 문자 메시지를 보냈으며, 시스템(마법사)은 조합된 음성 출력으로 참여자의 요구에 반응하였다.

또 다른 오즈의 마법사 유형은 다음과 같은 자연언어를 사용하는 방법이다.

- 참여자와 마법사 둘 다 타이핑을 하는 경우
- 참여자는 음성으로 하고, 마법사는 타이핑을 하는 경우
- 참여자와 마법사 모두 음성으로 하는 경우
- 참여자는 타이핑을 하고, 마법사는 음성으로 하는 경우

오즈의 마법사 프로토타입 기법을 사용할 때 반드시 기억해야 하는 점은 실제 연구에 들어가기 전에 마법사를 충분히 훈련시켜야 한다는 점이다. 마법사가 대화 프롬프트를 제대로 이해하는 것이 중요할 뿐만 아니라, 마법사가 사용자의 명령에 응답하는 적절한 시기를 인식하는 것 또한 중요하다는 것이다(실제로 최종 개발될 시스템과 유사한 응답 속도를 유지하는 것이 바람직하다). 오즈의 마법사 기법은 잘 적용되기만 한다면 음성 기반 휴대전화 서비스 및 기기 관련 연구에 매우 유용한 기법이다.

요 약

이 장에서는 모바일 기기 및 시스템 개발에 필수적인 인간중심설계(ISO 13407)에 관한 개요를 소개하였다. 이 접근법의 핵심 단계는 다음과 같다. 사용 맥락을 이해하고 구체화하는 단계, 사용자와 조직의 요구를 정의하는 단계, 설계와 프로토타입을 생산하는 단계, 사용자 중심의 평가를 시행하는 단계가 그것이다.

인간중심설계 접근법의 한 부분으로, 모바일 시스템을 개발할 때 꼭 알아야 하는 설계 원리를 살펴보았다. 착수 단계에서 반드시 고려해야 할 점은 사용 맥락이다. 모바일 기기의 사용 맥락은 끊임없이 변화하는 물리적 · 환경적인 영향 때문에 고도의 역동성을 갖고 있다. 따라서 설계자는 이런 것을 고려해서 설계해야 한다. 또한 모바일 기기의 설계에서 고려해야 하는 요소는 스크린의 공간이 한정되어 있다는 것이다. 따라서 가치 있는 정보를 잃고 싶지 않다면, 설계자들은 정보의 복잡성을 줄여 주는 방식으로 모바일 기기나 서비스를 설계해야 한다. 자동 모바일 휴대전화 서비스 설계에 관해서는, 어떻게 하면 사용자의 작업기억이 과부하되는 것을 막아 줄 수 있을까에 대해 주로 논의하였다.

또한 모바일 기기의 요건(기능에 대한 요구)을 조사하는 방법으로 주로 활용되는 카드 분류법, 브레인스토밍 등과 같은 기법을 소개하였다. 이 기법들은 3장이나 4장에서 소개한 정보를 수집하는 방법에 대한 보충 부분이다. 모바일 기기 설계의 핵심 부분은 초기 설계 아이디어나 시스템의 일부 기능을 평가해 보기 위한 프로토타입을 개발해 보는 단계다. 따라서 이 장의 제일 마지막에는 지필형 프로토타입과 에뮬레이터 등에 대해 소개하였다. 이 두 가지 기법 모두 모바일 기기의 프로토타입을 개발하는 데 잘 활용되고 있다.

자·기·점·검

- 오즈의 마법사
- 에뮬레이터
- 메타포
- 이어콘
- 사용 맥락
- 대화형
- 인간중심설계
- 요건 수집 기법

연·습·문·제

1. 에뮬레이터를 사용하여 지역 공공 서비스를 위한 장소 기반 휴대전화 서비스를 개발하라.

2. 음성 기반 휴대전화 영화 정보와 예매 서비스를 개발하라. 그리고 오즈의 마법사 기법을 활용하여 사용성 평가를 실시하라.

참고문헌

Barnard, E., Halberstadt, A., Kotelly, C., & Phillips, M. (1999). A consistent approach to designing spoken-dialogue systems. In *Proceedings of the Automatic Speech Recognition and Understanding Workshop.* Keystone, CO: USA.

Baum, F. (1900). *The Wizard of Oz.* Collins, London.

Blattner, M. M., Sumikawa, D. A., & Greenberg, R. M. (1989). Earcons and icons: their structure and common design principles. *Human-Computer Interaction, 4*(1), 11-44.

Brewster, S. A. (1997). Navigating telephone-based interfaces with earcons. In *Proceedings of BCS HCI 1997,* Bristol, UK, pp. 39-56.

Brewster, S. A. (2002). Overcoming the lack of screen space on mobile computers. *Personal and Ubiquitous Computing, 6*, 188-205.

Brewster, S. A., Raty, V.-P., & Kortekangs, A. (1996). Earcons as a Method of Providing Navigational Cues in a Menu Hierarchy. In *Proceedings of HCI '96* (Imperial College, London, UK), Springer, pp. 167-183.

Brewster, S. A., Wright, P. C., & Edwards, A. D. N. (1993). cited in the text. In *An evaluation of earcons for use in auditory human-computer interfaces*, S. Ashlund, K. Mullet, A. Henderson, E. Hollnagel, & T. White (Eds.). Proceedings of InterCHI '93, Amsterdam: ACM Press, Addison-Wesley, pp. 222-227.

Bristow, G. (1986). The speech recognition problem. In *Electric Speech Recognition,* Bristow, G. (Ed.). Collins.

Fraser, N. M., & Gilbert, G. N. (1990). Simulating speech systems. *Computer Speech and Language, 5*(1), 81-90.

Hauptmann, A. G. (1989). Speech and gestures for graphic image manipulation. In *Proceedings of CHI 1989.* Austin, Texas, USA, pp. 241-245.

Howell, M. D., Love, S., & Turner, M. (2005). Spatial metaphors for a speech-based mobile city guide service. *Journal of Personal and Ubiquitous Computing, 9*, 32-45.

Labrador, C., & Dinesh, P. (1984). Experiments in speech interaction with conversational data services. In *Proceedings of INTERACT 1984,* London, UK, pp. 104-108.

Leplatre, G., & Brewter, S. A. (2000). Designing non-speech sounds to support navigation in mobile phone menus. In *Proceedings of ICAD 2000,* Atlanta, USA, pp. 190-199.

Maguire, M. C. (2001a). Methods to support human-centred design. *International Journal of Human-computer Studies, 55*(4), 587-634.

Maguire, M. C. (2001b). Context of use within usability activities. *International Journal of Human-computer Studies, 55*, 453-483.

Marcus, A. (2002). Metaphors and user interfaces in the 21st century. *Interactions, 9*(2), 7-10.

McDonald, J. E., & Schvaneveldt, R. W. (1988). The application of user knowledge to interface design. In *Cognitive Science and its Applications for Human-Computer Interaction*, R. Guindon (Ed.). Hillsadale: Lawrence Erlbaum, pp. 289-338.

Noyes, J. (2001). Talking and writing - how natural in human-machine interaction? *International Journal of Human-Computer Studies, 55*(4), 503-519.

Osborn, A. F. (1963). *Applied imagination.* New York: Schribeners and Sons.

Pirhonen, A., Brewster, S. A., & Holguin, C. (2002). Gestural and audio metaphors as a means of control for mobile devices. Proceedings of CHI 2002(New York: ACM), pp. 291-298.

Preece, J. J., Rogers, Y. R., Sharp, H., Benyon, D. R., Holland, S., & Carey, T. (1994). *Human-Computer Interaction.* Addison-Wesley.

Preece, J. J., Rogers, Y. R., & Sharp, H. (2002). *Interaction Design: Beyond Human-Computer Interaction.* John Wiley and Sons.

Rosenfeld, L. & Morville, P. (1998). *Information Architecture for the World Wide Web.* Cambridge: O'Reilly.

Schmandt, C. (1987). Conversational telecommunications environments. In *Cognitive Engineering in the Design of Human-Computer Interaction and Expert Systems*, G. Salvendy (Ed.). Elsevier Science.

Smith, D. C., Irby, C., Kimball, R., Verplank, B., & Harslem, E. (1982). Designing the star user interface. *Byte, 7*(4), 242-282.

Souvignier, V., Kellner, A., Rueber, B., Schramm, H., & Seide, F.

(2000). The thoughtful elephant: strategies for spoken dialogue systems. *IEEE Transactions of Speech and Audio Process, 8*(1), 51-62.

Weiss, S. (2002). *Handgeld Usability.* John Wiley and Sons.

읽을거리

Longoria, R. (Ed.) (2004). *Designing Software for the Mobile Context: A Practitioner's Guide.* Springer.

Neilson, J. (1993). *Usability Engineering.* Cambridge, MA: Academic Press.

Norman, D. A. (1999). *The Design of Everyday Thing.* MIT Press.

Pitt, I., & Edwards, A. (2003). *Design of Speech-based Devices.* Springer.

제6장

사회적 사용성

●●●●●●

이 장에서는 공공장소에서의 모바일 기기 사용과 관련된 논쟁을 다루고 있다. 이 장의 전체에 걸쳐서 휴대전화와 관련된 내용을 다루고 있는데, 그것은 어떤 모바일 장치보다도 휴대전화가 공공장소에서 우리의 행동에 중대한 영향을 미치기 때문이다. 특히, 여기에서는 모바일 장치의 사회적 사용성에 초점을 둘 것이다. 사회적 사용성은 환경적인 요인과 사회적인 요인으로 정의될 수 있다. 사람들은 사회적 상황에서 현재의 위치, 기대감, 행동에 대한 해석에 따라서 모바일 기술을 사용하는 행동과 태도가 달라질 수 있다.

제6장

사회적 사용성

모바일 기술의 사회적 영향

모바일 통신의 사용이 늘어나면서(정확하게는 휴대전화의 사용) 사회적 · 경제적 관점에서 모바일 커뮤니케이션의 사용은 우리의 일상적인 생활에 중요한 영향을 미치고 있다. Wei와 Leung (1999)의 연구에 따르면, 휴대전화 사용자들은 대부분 길거리나 대중교통 수단, 가게나 식당과 같은 공공장소에서 휴대전화를 사용하고 있는 것으로 나타났다. 그동안 기차, 카페, 식당 등에서 사람들이 휴대전화를 사용하는 것을 많이 보았기 때문에 그다지 놀랄 만한 결과는 아니다. 그리고 누구나 다른 사람들이 휴대전화를 통해서 사업과 관련된 내용(고객과의 대화)이나 사적인 내용(친구와 극장을 가기 위해서 시간 약속을 하는 대화)의 대화를 나누는 것을 들어본 적이 있을 것이다(물론 의도적으로 들었다는 의미는 아니다). 모바일 커뮤니케이션의 이러한 유형은 어떤 사회적 영향을 미칠 것인가? 선행연구 결과를 살펴본다.

공공장소에서의 수행

오늘날 휴대전화는 사회적 공간 내에서 사용되고 있으며, 휴대전화를 사용하는 사람의 공간과 대화가 발생하는 공간 사이에서 가끔씩 규범(사회집단 내에서 용인되거나 기대되는 행동적 표준)적 충돌이 발생하기도 한다(Palen et al., 2000). 이로 말미암아 공공장소에서의 휴대전화 이용을 허용할 것인지 말 것인지에 대한 공개적인 논쟁이 발생하기도 한다.

Ling(2002)은 공공장소에서의 휴대전화 사용이 갖고 있는 사회적 영향에 대한 연구를 통하여 이러한 사회적 공간의 충돌에 대한 사례를 제시하고 있다. 그의 연구에 따르면 사람들은 식당과 같은 공공장소에서의 휴대전화 사용이 자제되어야 한다고 인식하고 있는 것으로 나타났다. 사람들은 일상적인 대화를 할 때보다 휴대전화를 사용할 때 좀 더 크게 말하는 경향이 있는데 그러다 보면 주변에 있던 사람은 본의 아니게 그들의 대화를 엿듣는 것 같은 느낌을 가지게 되기 때문에 공공장소에서의 휴대전화 사용이 자제되어야 한다는 것이다. 항상 그런 것은 아니지만 이런 이유 때문에 사람들은 공공장소에서 휴대전화 사용자를 위한 '모바일 에티켓' 같은 것이 있어야만 한다고 생각하는 것 같다. 일반적으로 생각해 볼 수 있는 수준의 사용자지침 같은 것이다. 예를 들면, 휴대전화 회사들도 공공장소에서 책임감 있는 휴대전화 사용 방법을 촉진시키기 위한 '모바일 에티켓' 지침서를 펴내고 있다(BT Cellnet, 2001). 그리고 (영국의) 철도회사들은 '정숙 객실'을 지정해서 객실의 양끝에서만 휴대전화를 받거나 걸 수 있도록 하여 객실 내의 다른 승객들에게 불편을 주지 않도록 하고 있다. '정숙 객실' 아이디어는 노르웨이와 일본의 철도회사에서도 활용되고 있다. 아마도 누구나 한번쯤은 기차 여행 중에 바로 옆에 앉아 있는 사람이 크고 장황스럽게 휴대전화를 쓰고 있다고 생각해 본 적이 있을 것이다. 책을 읽을 수 없을 정도로 집중할 수 없게 된다면 화가 나기 마련이다. 혹은 다른 사람의 대화 내용이 흥미롭기 때문에 더 잘 들렸으면 하고 바라던 경우도 있었을 것이다. 그렇지만 당신이 기차 안에서 휴대전화를 걸고 있을 때 다른 사람에게 미치는 사회적 영향을 생각해 본 적이 있는가?

Murtagh(2000)는 기차 객실에서 휴대전화를 사용할 때 나타나는 비언어적 측면에 대한 관찰 연구를 수행하였다. Murtagh에 따르면 기차의 객실에서 휴대전화를 사용할 때 나타나는 일반적인 행동으로는 사람의 시선을 피한다든지, 얼굴을 돌리거나, 상체를 사람들이 없는 반대 방향으로 돌린다는 것이다. 이러한 행동 반응을 통해서 공공장소에서 휴대전화를 사용한다는 것에는 복잡하고 미묘한 사회적 행동이 포함되어 있음을 알 수 있다.

이론적인 관점에서 보면, Murtagh, Ling, Palen 등의 연구는 모두 Erving Goffman의 연구에서 영향을 받은 것이다. Goffman은 『매일의 일상에서 나를 보여 준다는 것(The Presentation of Self in Everyday Life, 1959)』이라는 책을 통해서 사람들은 사회적 상황에 따라서 서로 다른 '공공의 가면'이나 외적 인격을 가지고 있다고 주장한 바 있다. Goffman은 사람들 개개인의 특징을 기술하는 데 목적을 두었던 것이 아니라 사람들이 속해 있던 상황에 중점을 두었다. 이 연구의 목적은 사람들이 어떻게 공공장소에서의 행동을 결정하는지를 밝히기 위한 것인데, Burns(1992)가 지적한 '사회적 예절의 준수'와 같은 것이다. 예를 들어, 우리는 일반적으로 은행 직원에 대해 침착하고 진실한 태도나 성실한 자세로 재정 상황에 대하여 자문해 줄 것을 기대한다. 만약 은행 직원이 들뜬 자세로 재정 상태에 대해서 논의하거나 부산스럽게 자신의 사무실을 서성거리고, 재정적으로 허덕이고 있는 상황에 대해서 농담이나 한다면 어떤 기분이 들겠는가?

Murtagh의 연구는 사회적 맥락을 강조한 Goffman의 이론과 관련되어 있다. 또한 Goffman은 공공장소에서의 '사회적 무관심(civil inattention)'에 대해서 언급하기도 했는데, 어떤 사람이 휴대전화로 통화를 시작하게 되면 그 주변의 사람은 자신의 의도와 상관없이 사적인 대화에 끼어드는 상황(Goffman의 용어로는 강제된 도청)이 발생한다. 이 경우에 휴대전화를 사용하는 사람은 주변 사람들로부터 의도적인 무관심을 받은 것이라고 할 수 있다. 휴대전화라는 매체는 어떤 사회적인 상황에 놓여 있는지에 따라서 행동 상태를 변화시킬 수도 있는 것이다.

민족지학

연구 설계 방법의 관점에서 볼 때, 이 분야에서 수행되는 많은 연구들은 민족지적 방법에 의존하고 있다. 그렇다면 민족지적 방법은 무엇인가? Atkinson과 Hammersley(1994)에 따르면 민족지적 연구의 주요 특징은 다음과 같다.

- 연구자는 관찰하고자 하는 특정한 사회현상(예, 공공장소에서의 휴대전화 사용에 대한 사람들의 반응)에 대하여 분명한 문제의식을 갖고 있어야 한다.
- (통상적으로) 소수의 사용자에 초점을 맞추게 된다.
- 분석 방법은 어떤 특정한 사회적 맥락에서 관찰된 인간 행동에 대한 기술과 설명에 근거해야 한다(예, 식당에서 휴대전화로 대화

하는 것에 대한 사람들의 반응을 관찰하는 것).

• 통계적인 분석은 중요하지 않다.

앞에 기술된 설명에서 보는 바와 같이 민족지학 방법은 공공장소에서 휴대전화를 사용하는 것이 어떤 사회적 영향을 미칠 것인지에 대한 연구에 적합한 특징을 갖고 있다. 그렇지만 이 방법이 이런 사회적 현상을 연구하기 위하여 활용해 볼 수 있는 유일한 것은 아니다.

심리학적 관점

어떤 특정 상황에서의 개인 상호작용에 대한 연구는 심리학에서 다루어 온 분야다. Argyle 등(1981)은 성격-상황 상호작용에 대한 연구를 수행하였으며, 외향성이나 내향성 같은 개인의 성격 특성이 특정 상황에서 개인의 행동에 어떤 영향을 미치는지에 대해 연구했다. 내향적인 사람은 불편하다고 인식되는 상황(혹은 불편해질 것 같은 상황)에 대하여 회피 행동을 한다. 이것은 개인 차원에서 나타날 수 있는 사회적 지각 현상이 있음을 암시하는 것이다. 이런 사회적 지각을 '사회적 스키마(social schema)'라고 부른다. Fiske(1995)는 사회적 상황에서 개인의 느낌, 생각, 행동을 조절하거나 평가할 수 있도록 해 주는 것이 사회적 스키마라고 정의하고 있다. 만약 당신이 카페에서 친구와 만나기로 약속을 했는데 그 친구가 예기치 않은 행동을 한다면 이런 상황에 대한 당신의 사회적 스키마를 변형해야 하는 것은 아닌지 생각할 수도 있다. 그렇지만 Fiske는 대체로 사람들은 특정 사회 상황에 대한 일반적인 예상을 유지하기 위하여 사회적 스키마를 변경하는 것에 인색하다는 의미로 '인지적 구두쇠'라는 용어를 쓰기도 한다.

사회적 스키마는 공공장소에서의 휴대전화 사용에 대하여 개인의 태도(혹은 행동)를 설명하기 위해서 고려해야 하는 중요한 요인임에는 틀림없다. 식당이나 기차의 객실 등과 같은 장소에서 휴대전화로 대화를 하는 것에 대해서 짜증이 나는 것은 그런 사회적 상황에 대해서 우리가 갖고 있는 사회적 스키마 때문이라고 할 수 있다. 우리의 사회적 스키마에 따르면, 점심을 먹기 위해서 다른 사람과 함께 있을 때 식당에서 전화를 걸게 되면 그 사람을 기다리게 만드는 것이기 때문에 예의 바른 행동이 아니다. 그렇지만 이 문제에 대하여 이런 질문을 생각해 볼 수 있다. 우리는 이 상황에서 그저 '인지적 구두쇠'에 불과할 뿐인가? 또한 우리가 인지적 변화에 인색하다고 하더라도 점점 더 많은 사람이 식당에서 휴대전화를 사용하게 된다면 우리의 사회적 스키마가 변할 것인가? 식당 경영이라는 측면에서 이 상황을 보는 것도 흥미로운 접근이 된다. 식당 고객을 잃지 않기 위해서라도 마치 철도회사에서 휴대전화 사용 금지 구역을 설정해 놓은 객실을 운영하고 있듯이 식당에도 그런 구역을 마련할 것인지를 결정해야 할 수도 있다.

대인관계 공간에 대한 논의도 사회적 상황에서 사람들의 행동을 관찰하고 이해하는 데 필요한 요인이다. 대인관계 공간에 대한 대다수의 연구들은 주로 가게, 도서관, 직장 등과 같은 공공장소를 다룬 것들이었다. Wollman 등(1994)은 직장에서 개인의 사적인 공간에 대한 침해를 연구한 바 있다. 또한 Veitch와 Arkkelin(1995)은 서로 모르는 사람들끼리의 관계에 대한 연구를 수행했었다. 이런 연구에서 나타난 중요한 연구 결과는 사람들이 자신의 사적인 공간이 침해되었다고 느끼는 순간부터 혼잡스럽다고 지각한다는 것이다. Sears 등(1988)은 혼잡하다고 지각하는 것은 불편함의 느낌이라고 정의하고 있으며, 개인이 현재 처한 환경의 공간적 측면과 관련된 스트레스라고 설명하고 있다. 사적인 공간에 대한 개념은 개인 간 거리의 측정과 관련되어 있으며, 이는 Hall(1966)의 연구로 거슬러 올라간다. Hall에 따르면 개인의 공간은 다음과 같은 영역으로 구분될 수 있다.

- **친밀 영역**(intimate zone): 약 45cm 정도의 거리. 친한 친척이나 친구들만 이 영역에 들어올 수 있다(예, 여자친구 혹은 남자친구).
- **자기 영역**(personal zone): 약 1.2m 정도의 거리. 보통 가족과 친구들에게 허용되는 영역이다.
- **사회 영역**(social zone): 1m에서 3m 사이의 거리. 사회 영역의 대표적인 사례는 함께 대화를 하고 있는 동료들과 차지하고 있는 공간이다.
- **공공 영역**(public zone): 3m에서 8m 사이의 거리. 강의실에서 교수가 강의할 때 학생들과 떨어진 정도가 공공 영역의 대표적인 예다.

그렇지만 개인 간의 거리를 결정하는 데 영향을 미칠 수 있는 몇 가지 요인들이 있다. 첫째, 문화적인 차원이다. Hall의 연구가 발표된 직후에 Watson과 Graves(1966)는 일상적인 대화를 할 때 아메리카와 지중해 연안국 사람들의 경우 개인 간 거리에 대한 선호(누가 화자와 더 가까운 거리를 선호하고 있는지를 알아보기 위한 것)가 서로 다르다는 것을 밝혔다. 그러나 두 문화권 모두에서 개인 간 거리를 대화 상대가 침해하면 당사자는 불쾌함을 느끼는 것으로 나타났다. 물론 개인의 특성도 개인 간 거리의 선호에 영향을 미치고 있었다.

또 여성끼리 서로 상호작용을 할 때가 남성끼리 상호작용할 때보다도 더 가까운 거리를 유지하는 것으로 나타났다(Gilfford, 1987). 그리고 Kaya와 Erkíp(1999)에 따르면 여러 명의 여성이 남성과 함께 있을 때 그 남성을 멀리 떼어 놓으려는 경향을 갖고 있었다.

상호작용이 발생하는 상황도 개인 간의 거리를 결정하는 중요한 요인이 된다. 과밀 상황(예, 점점 혼잡해져 가는 지하철을 타고 갈 때)일 때, 사람들은 불쾌감을 느낄 수 있다. 이와 같은 상황이 되면, 아주 많은 사람이 제한된 물리적인 공간을 공유해야만 하고 그와 동시에 사람들 사이의 신체적 접촉이 증가하게 되어 사적 공간에 대한 느낌이 줄어들게 된다. Hall(1966)에 따르면, 이와 같은 상황 때문에 사람들은 저밀 상황에 있을 때보다 과밀 상황에 있을 때 다른 사람에 대하여 더 부정적인 감정을 갖는 경향이 있다고 결론 내리고 있다. 그래서 한창 러시아워에 지하철을 탈 때에는 아주 가깝게 맞닿아 있는 사람과의 시선 접촉을 피하기 위해서 최대한 노력하는 것이 지하철 에티켓이다. 또는 행여나 대화라도 하게 되면 다른 사람의 시선을 한몸에 받아서 마치 전시실에서 포즈를 잡고 있거나 자동차 라이트 때문에 꼼짝도 못 하고 헤드라이트만 쳐다봐야 하는 토끼와 같은 신세가 될 수도 있다.

개인과 상황의 상호작용이라는 관점에서, 대기실에서 기다리는 동안 다른 사람의 휴대전화 대화를 듣게 되는 경우에 그 사람의 사적인 영역을 침범했다고 지각하는지에 대한 연구가 수행되었다(Love, 2001). 또한 이 연구에서는 지각된 대화의 속성에 따라서 영향력의 정도가 바뀌는지를 분석하였다. 즉, 휴대전화 상의 내용이 사적인 대화(대출에 대한 은행 직원과의 대화)인지 아니면 사회적인 대화(한 잔 마시기 위해서 친구와 시간 약속을 정하는 대화)인지에 따라서 다르게 지각하는지를 알아보기 위한 것이다.

이 실험의 참여자들은 실험 준비를 하는 동안 대기실에서 기다리도록 지시를 받았다. 그러면 실험 동조자가 들어오고 연구자는 대기실을 빠져나와 실험 동조자에게 전화를 걸었다. 실험 동조자는 은행 직원이나 친구와 대화하는 듯이 행동했다. 연구자는 일방거울 뒤에서 그 상황을 관찰하였다. 그리고 휴대전화 통화가 끝나면(약 1분 정도 후에) 연구자는 그 방으로 들어가서 원래 실험의 취지가 무엇인지를 설명하고 참가자들에게 몇 가지 질문을 하였다. 어떤 사람들은 휴대전화로 대화 중인 사람과 너무 가깝게 앉아 있었기 때문에 자신의 의지와는 상관없이 그 사람의 대화에 끌려 들어갔다고 느끼고 있었다. 반면에 어떤 사람들은 다른 사람의 대화 내용을 들을 수 있었기 때문에 흥미로웠다고 느끼는 것으로 나타났다. 연구에 참여했던 어떤 사람은 "저는 제가 들었던 그대로 대화의 단어까지 말해 줄 수도 있어요."라고 말할 정도로 생생하게 듣고 있던 경우도 있었다. 전체적으로 사람들의 반응은 두 집단으로 나뉘었다. 자신의 의지와 상관없이 다른 사람의 휴대전화 대화라는 가상공간에 끌려 들어왔다고 느끼는 사람들과 사적인 공간을 침해한 것은 아니라고 느끼는 사람들이다. 왜 이런 결과가 나타났는지를 알아보기 위하여 사람들의 성격과 이런 지각이 어떤 관련을 맺고 있는지에 대한 연구를 수행하였다(Love & Kewley, 2005). 이 연구의 결과에 따르면 내향성이나 외향성 같은 성격 특징이 공공장소에서의 휴대전화 사용에 대한 사람들의 지각에 영향을 미치고 있는 것으로 나타났다.

지금까지는 사람들 사이의 관계에 초점을 맞춰 왔는데 휴대전화 사용과 관련된 또 다른 맥락을 살펴보자. 바로 모바일 근로자에 대한 것이다.

모바일 근로자

Perry 등(2001)은 모바일 근로자를 다음과 같이 정의하고 있다. 여러 장소를 돌아다니며 근무하는 근로자(예, 가정방문을 해야 하는 순회 간호사), 고정된 장소에서 일을 하고는 있지만 업무 특성상 제한된 공간에서 돌아다녀야 하는 근로자(예, 건설현장의 건축기사), 이동을 하면서도 일을 해야 하는 사람(예, 고객을 방문하러 이동하는 중에 기차 안에서 업무 자료를 업데이트 하고 있는 판매사원)이다.

이런 상황들을 차례로 검토해 본다면, 모바일 근로자는 역동적인 환경에서 근무하고 있기 때문에 이동 중에 발생하는 의사소통을 지원하거나 방해하는 요소도 서로 다르다는 것을 쉽게 알 수 있을 것이다. 예를 들면, 기차로 이동하는 과정에서 무선인터넷 연결의 지원 여부 등은 어떤 모바일 근로자에게 더 중요한 요인이 될 것이다. 그렇지만 이 장에서 강조하고 싶은 것은 모바일 근로자가 갖고 있는 사회적 역동성이다.

Kraut(2003)에 따르면 집단 상호작용에서 가장 중요한 것은 효과적인 커뮤니케이션이다. 왜 그럴까? 과제를 수행할 때 각자 어떤 일을 해야 하는지 조정해야 할 필요도 있고, 집단 내의 다른 사람이 갖고 있는 전문성을 빌려야 할 수도 있으며, 어떤 문제를 해결하기 위하여 사람들을 조직해야 할 때도 있고, 현재 수행 중인 과제를 위해서도 효과적인 의사소통이 필요하기 때문이다.

CSCW 분야의 선행연구를 살펴보면 직장 생활을 하고 있는 개인들을 실천공동체(Community of Practice: CoP)로 해석하려는 관점이 대두되고 있다. Wenger(1999)에 의하면 직장에서의 활동은 하나 혹은 다수의 실천공동체에 소속되어 있다는 것이다. 실천공동체는 직무를 수행하면서 배운 것 중에서 다른 사람에게 도움이 될 만한 것들을 공유하기 위하여 형성된다. 이런 현상에 대한 연구 중에서 가장 대표적인 것 중의 하나는 Orr(1996)가 수행한 제록스 사 정비기술자 실천공동체에 대한 연구다. 이 연구의 결과에 따르면 제대로 작동하지 않는 복사기의 고장을 수리한 이후에 어떤 방식으로 고쳤는지에 대해서 서로 공유하는 것만으로도 업무 효율성을 증진시키는 것으로 나타났다.

성공적인 실천공동체를 만드는 핵심 요인은 자각(awareness)이다. Dourish와 Belloti(1992)는 자각을 "다른 사람의 활동을 이해함으로써 자신의 활동 맥락을 이해하는 것"이라고 정의하였다. 그렇다면 당신이 모바일 작업 환경에 있을 경우 어떻게 자각할 수 있겠는가? Wiberg와 Ljunberg(2000)는 모바일 환경에서는 이동이 많기 때문에 다른 동료의 활동을 자각한다는 것이 쉽지 않다는 것을 발견하였다. 그들의 연구에 따르면, 혼자 작업을 하는 기술자를 인터뷰했더니 다른 동료의 과제가 어떻게 진행되고 있는지에 대한 최근 정보를 유지하는 것이 어렵다는 것을 알게 되었다. Laurier의 연구(2001)에서는 모바일 근로자들이 이러한 자각 문제를 해결하기 위하여 휴대전화를 활용해서 서로 간에 수시로 연락을 하고 있는 것으로 나타났다. 그들은 같은 팀이라는 공동체 의식을 형성하기 위하여 노력하고 있었다. 예를 들면, 일반적인 사무실 근로자들이 회의를 할 때 사무실의 문에 '미팅 중입니다.'라는 표지를 달아 두듯 자기만의 모임을 가질 때에는 모두 휴대전화를 꺼 놓는다.

이상에서 우리가 논의했던 내용을 통하여 모바일 근로자들이 점점 더 늘어나고 있는 상황에서 이 분야에 대한 연구는 더 많이 이루어져야 한다는 것을 분명히 알 수 있다. 모바일 응용 프로그램과 장치를 연구하는 사람들에게 모바일 근로자의 특징과 어떤 역동적 맥락에서 이러한 장비를 사용할 것인지를 파악하는 것은 도전적인 과제인 것이다. 그리고 모바일 근로자에 대한 사회적 영향에 대해서도 더 많은 연구가 필요하다.

요 약

이 장의 목적은 휴대전화에 초점을 맞춰 모바일 기술공학의 사회적 영향을 탐색하는 것이었다. 이 장을 통하여 공공장소에서의 휴대전화 사용에 대한 우리의 태도와 행동은 사회적 영향(항상 긍정적인 것은 아니지만)을 받고 있다는 연구들이 증가하고 있음을 알 수 있었다.

또한 이 장에서는 연구 설계의 관점에서 이런 질문에 어떻게 접근해야 하는지에 대한 사례를 제시하였다. 앞서 기술된 두 연구는 사회적 환경에서 모바일 기술공학과 상호작용하는 개인의 특성(예, 성격의 영향)에 대한 연구 과제를 수행하려면 어떻게 해야 하는지를 제시해 주었다. 그리고 이 분야의 연구들은 심리학적인 관점뿐만 아니라 사회학적인 관점과도 관련되어 있다는 것을 알 수 있었다. 공공장소에서 모바일 장치의 사용에 영향을 줄 수 있는 사회적이고 환경적인 영향을 고려할 때에는 요인들 사이의 관련성을 파악하는 것이 중요하다.

Meyrowitz(1985)에 따르면, 전자매체는 사회적 환경을 재조직하고 물리적 공간과 사회적 공간 사이의 관계를 변경시킴으로써 사회적 행동에 영향을 미칠 수 있다고 한다. 휴대전화를 사용해야 하는 상황에서 자신이 공공장소에 있을 경우, 사람들은 사회적 스키마를 고려한다는 것이다. 어떤 사람들은 다른 사람의 휴대전화 대화를 듣게 된다는 것을 불편하게 인식하고 있었고, 그래서 그런 불편함을 없애기 위한 어떤 사회적 행동을 하는 것으로 나타났다. 반면에 어떤 사람들은 다른 사람이 휴대전화로 통화를 하고 있더라도 불편하게 느끼지 않으며 크게 문제될 것이 없다고 생각하고 있었다. 아마도 사람들의 성격에 따라서 공공장소에서의 휴대전화 사용에 대한 사회적 스키마가 다르게 형성되었기 때문인 것 같다. 또한 사람들의 성격이 공공장소에서의 휴대전화 사용에 대한 사람들의 태도에 어떤 영향을 미치는지에 대한 연구를 살펴보았다. 그 연구 결과에 따르면 사람들의 성격은 공공장소에서의 휴대전화 사용에 대한 사람들의 태도 형성에 영향을 미치고 있는 것으로 나타났다.

그러나 모바일 기술의 사회적 영향력과 관련해서 고려해야 할 또다른 측면이 있다. 즉, 공공장소에서의 휴대전화 사용에 대한 문화 간의 차이에 대한 연구들이 최근에 늘어나고 있다는 점이다. 간단히 다음과 같은 사례를 들 수 있다. 싱가포르에서 휴대전화를 공공장소에서 사용할 때, 손을 컵 모양으로 만들어서 입 주변을 감싸는 것은 낯선 장면이 아니다. 왜 이런 행동을 하게 되는 것일까? 사람들에게 그 이유를 물어보면, 공공장소에서는 휴대전화를 사용할 때 그렇게 하는 것이 다른 사람들을 방해하지 않을 수 있기 때문에 예의 바른 행동(즉, 보다 더 사회적으로 용인될 수 있는)으로 인식된다는 것이다. 그렇다면 이런 유형의 행동은 시간이 지나면 변화될 것인가? 모바일 응용 프로그램의 설계와 사용에 대한 문화 간 차이에 대한 연구도 전 세계를 대상으로 영업을 하는 모바일 통신회사의 입장에서는 흥미로운 주제일 것이다. 정보과학이라는 측면에서 보면, 정보 시스템을 설계할 때 문화 간 차이에 의한 행동을 중요하게 다루어야 한다.

이 장을 마치면서 보다 넓은 시각에서 보자면, 여기에서 언급된 연구 결과도 사회적 공간에서 기술공학이 어떤 역할을 하고 있는지를 탐구하려는 실증 연구의 일부분으로 볼 수 있을 것이다(Cooper, 2000). 그러나 이 영역에서의 심층적인 연구는 더 많이 수행되어야 하며, 9장에서 어떤 연구 영역이 가능한지 살펴볼 것이다.

자 · 기 · 점 · 검

- 사회적 무관심
- 사회적 스키마
- 민속지학
- 사회적 사용성

연 · 습 · 문 · 제

1. 기차 안에서의 휴대전화 사용에 대한 사람들의 태도를 알아보기 위한 리커트 척도를 설계하라.

2. 식당이나 카페에 가서 바로 옆의 사람이 휴대전화를 받거나 전화를 걸었을 때 사람들의 반응을 관찰하라. 그들의 반응을 어떻게 항목화할 수 있을까?

3. 공공장소에서의 휴대전화 사용에 대한 사람들의 행동이나 태도에 영향을 미칠 수 있는 성격 이외의 개인적인 특성에는 무엇이 있을지 생각해보라.

참고문헌

Argyle, M., Furnham, A., & Graham, J. A. (1981). *Social Situations.* Cambridge University Press.

BT Cellnet (2001). Mobile Etiquett: Changing the way we use our mobiles. http://www.btcellnet.net/cgi-bin accessed 15/10/01.

Atkinson, P., & Hammersley, M. (1994). Ethnography and Participant Observation. In *Handbook of Qualitative Research,* N. Denzin, & Lincoln (Eds.). Sage: Thousand Oaks, pp. 249-261.

Burns, T. (1992). *Erving Goffman.* London: Routledge.

Cooper, G. (2000). The mutable world: social theory in the wireless world. In *Wireless World: Social and Interactional Aspects of the Mobile Age.* Brown, B., Green, N., & Harper, R. (Eds.). Springer.

Fiske, S. (1995). Social Cognition. In *Advanced Social Psychology,* Tesser, A. (Ed.), pp. 149-194. New York: McGraw-Hill.

Gilfford, R. (1987). *Environmental Psychology: Principles and Practice.* Boston: Allyn.

Goffman, E. (1959). *The Presentation of Self in Everyday Life.* New York: Doubleday.

Hall, E. T. (1966). *The Hidden Dimension: Man's Use of Space in Pubilc and Private.* Bodley Head: London.

Harper, R., Randall, D., & Rouncefield, M. (2000). *Organisational Change and Retail Finance: An Ethnographic Perspective.* London: Routeledge.

Kaya, N., & Erkíp, F. (1999). Invasion of personal space under the condition of short-term crowding: a case study on an automatic teller machine. *Journal of Environmental Psychology, 19,* 183-189.

Laurier, E. (2001). Why people say where they are during mobile phone calls. Environmental and Planning D: Society and Space, 19, 485-504.

Ling, R. (2002). 'The social juxtaposition of mobile telephone conversations and public spaces'. In *The Social Consequences of Mobile Telephones,* Kim, S. D. (Ed.). Chunchon, Korea.

Love, S. (2001). 'Space Invaders: Do Mobile Phone Conversations Invade Peoples' Personal Space?' *Proceedings of the 18th International Human Factors in Telecommunacations Symposium in Bergen, Norway,* 5-7 November 2001, pp. 125-131.

Love, S., & Kewley, J. (in press) *The Affects of Personality on People's Attitude Towards Mobile Phone Conversations in Public Places, Mobile Communications: Re-Negotiations of the Social Sphere,* Ling, R., & Pederson, P. (Eds.). Springer-Verlag.

Meyrowitz, J. (1985). *No Sense of Place: The Impact of Electronic Media on Social Behavior.* Oxford University Press.

Murtagh, G. (2000). Seeing the 'Rules': Preliminary observations of action, interaction and mobile phone use. In *Wireless World: Social and Interactional Aspects of the Mobile Age,* Brown, B., Green, N., & Harper, R. (Eds.). London: Springer.

Palen, L., Salzman, M., & Youngs, E. (2000). Going Wireless: behaviour and practice of new mobile phone Users. In *Proceeding of the ACM 2000 Conference on Computer Supported Cooperative Work,* Philadelphia, PA, pp. 201-210. New York: ACM Press.

Sears, O. D., Peplau, A., & Freedman, J. (1988). *Social Psychology.* New York: Prentice Hall.

Veitch, R., & Arkkelin, D. (1995). *Environmental Psychology: An Interdisciplinary Perspective.* New York: Prentice Hall.

Watson, O. M., & Graves, T. D. (1966). Quantitative research in proxemic behabior. *American Anthrophology, 68*, 971-985. Cited in Eysenck, M. W. (2000) *Psychology: A Student's Handbook,* The Psychology Press Ltd.

Wei, R., & Leung, L. (1999). Blurring public and private behaviours in public space: policy challenges in the use and improper use of the cell phone. *Telematics and Informatics, 16*, 11-26.

Wollman, N., Kelly, B. M., & Bordens, K. S. (1994). Environmental and intrapersonal predictors of reactions to potential territorial intrusions in the workplace. *Environment and Behaviour, 26*, 179-194.

읽을거리

Ager, J. (2003). *In Constant Touch: a global history of the mobile telephone*. Icon books, UK.

Katz, J., & Aarkhus, M. (Eds.) (2002). *Perpetual Contact: mobile communication, private talk, public performance*. Cambridge University Press, UK.

Ling, R. (2004). *The Mobile Connection: the cell phone's impact on society*. Morgan Kaufmann, San Francisco, CA.

Rheingold, H. (2002). *Smart Mobs: the next social revolution*. Perseus Book Group, Cambridge, MA.

제7장

연구 수행 절차

●●●●●●●

이 장은 모바일 HCI 연구 수행을 위한 절차를 제공하기 위한 것이다. 선행연구에 대한 검색을 어떻게 시작해야 하며, 어떻게 연구 목적과 목표에 초점을 맞추어야 하는지, 그리고 과제 관리를 위한 조언과 적절한 연구 방법을 어떻게 선택할 것인지에 대한 지침을 제공할 것이다. 끝으로 모바일 HCI 연구의 보고서 작성 방법에 대하여 설명한다.

제7장

연구 수행 절차

연구 주제의 선택

연구를 수행하게 되었을 때, 연구 주제가 지정되어 있는 경우도 있겠지만 대부분은 연구 주제를 위한 자신만의 아이디어를 생각해야 한다. 과제를 착수할 때부터 꼭 기억하고 있어야 할 것은 선행연구에 근거해서 연구 주제를 선택해야 한다는 점이다.

그렇다면 어떻게 해야 올바르게 연구 주제를 선택할 수 있을까? 몇 가지 방법이 있다. 우선적으로 수업 내용을 돌이켜 보고 수업 중에 다루었던 것 중에서 흥미를 끌었던 주제를 생각해 보는 것이다. 그런 다음에 수업 중에 사용된 자료 중에서 그 주제와 관련된 참고문헌을 추적해 보는 것이다. 혹은 보다 상세한 수준에서 자신의 연구 주제를 논의하기 위하여 강의를 담당했던 교수와 면담을 해 볼 수도 있을 것이다. 그리고 이런 경우에는 면담을 갖기 이전에 자신의 생각을 정리해 본다면 면담 시간을 보다 효과적으로 활용할 수 있을 것이다. 또는 자신이 다니고 있는 학과에서 과거에 학생들이 수행했던 연구 과제를 훑어볼 수도 있다. 비록 완전히 똑같은 주제로 연구 과제를 수행할 수는 없지만 자기가 해 볼 수 있는 몇 가지 아이디어를 찾을 수도 있다.

선행연구 검색

참고문헌 목록을 작성하는 것은 연구를 위한 사전 배경 구성에서 필수적인 것이다. 자신이 수행하려는 영역에서의 선행연구를 읽음으로써 자신의 연구 과제가 어떤 방향으로 추진되어야 하는지를 명확하게 알 수 있기 때문이다. 어떻게 자신의 연구를 수행할 것인지(예, 사용할 평가 방법의 결정)에 대한 아이디어를 얻을 수도 있고, 다른 연구자들이 어떤 연구 방법을 사용했으며 어떤 방법을 사용하지 않았는지를 알 수 있을 것이다. 그리고 선행연구에 대한 검토를 통하여 그동안 밝혀내지 못한 영역이 무엇인지를 알 수 있으며, 보다 참신한 관점에서 자신의 연구를 수행할 수 있는 기회를 만들 수도 있다.

문헌 검토를 수행하기 위하여 어떤 종류의 자원을 활용할 수 있는지 알아 둘 필요도 있다. Sharp 등(2002)에 따르면, 연구자가 사용할 수 있는 자원의 범주는 일차 자료(primary resource)와 이차 자료(secondary resource)로 구분된다. 이러한 구분이 무엇을 의미하는지 살펴보자. 다음과 같은 것들이 일차 자료라고 할 수 있다.

- 학술지(예, International Journal of Human-computer Studies, Personal and Ubiquitous Computing)
- 학술대회 프로시딩(예, Mobile HCI, CHI, UbiComp)
- 실천규범(Codes of Practice: 예, British Computer Society, ACM, IEE, IEEE)
- 학위논문(예, 박사학위 논문)

- 표준(예, ISO, ITU)

이차 자료는 다음과 같은 것들이다.

- 교재(예, Dix, A. Finlay, J., Abowd, G., & Beale, R. (2004) Human-computer Interaction (3rd ed.), Prentice hall)
- 웹 게시판(예, Jakob Nielson's alert box)
- ACM 전자도서관 같은 전자 자료(http://www.acm.org/dl/). 이런 자료에 접근하기 위해서는 ID와 패스워드가 필요할 수 있으니 주의해야 한다.

많은 사람이 전자 자료를 통하여 선행연구에 대한 검토를 하고 있다. 그렇지만 전자 자료를 통해서 최대한 많은 자료를 얻으려면 검색을 시작하기 전에 무엇을 검색할 것인지를 잘 생각해 두어야 한다. Boolean 논리연산자를 효과적으로 활용하면 시간을 많이 줄일 수 있기 때문이다. 정보 검색을 하기 위해서 검색어를 입력할 때, 연구와 관련된 주제어를 잘 선택하는 것이 중요하다. 동의어를 사용해 보거나 철자가 틀렸는지 확인해 보고, Boolean 연산자(AND, OR, NOT)를 효과적으로 사용해야 한다. 이런 것을 어떻게 하는지 보여주기 위한 예제 상황을 Tip 1에 제시하였다.

TIP 1 문헌 검색을 위한 검색어의 생성

연구 주제는 '위치 기반 휴대전화 서비스'의 사용성 평가에 대한 일반적인 내용이라고 가정한다. 우선적으로 해야 할 일은 어떤 주제어를 사용할 것인지 결정하는 것이다. 그리고 어느 정도의 과거 자료까지 검색할 것인지도 생각해 봐야 한다. 만약 과거 자료를 너무 활용하게 되면, 구식 정보일 가능성이 높기 때문이다—물론 위치 기반 서비스에 대한 연구는 그야말로 최근 연구 주제다. 그렇지만 과거의 연구를 충분히 검토해 보지 않게 되면, 그 분야의 효시가 되었던 논문을 놓치는 경우가 생길 수 있다. 그 논문들이야말로 자기가 연구하려는 분야의 핵심 참고문헌들이다. 지금의 이 사례에서는 'mobile, HCI, 사용성, 평가, 서비스'를 주제어로 활용할 수 있다.
다음 단계로 검색엔진이나 온라인 전자도서관에 접속하여 같은 검색어를 사용해 이 주제에 적합한 정보를 검색할 것이다.

모바일 AND HCI AND('평가' OR '사용성 연구' AND '서비스' OR '위치기반 서비스')

이런 검색어를 사용해서 연구 주제의 배경이 될 수 있는 정보를 상당량 찾게 될 것이다. 검색을 한 다음에는 문헌 검토를 하면서 읽게 되는 참고문헌을 잘 추적하는 것이 중요하다. 참고문헌에 대한 자신만의 데이터베이스를 구축하기 위하여 EndNote와 같은 소프트웨어를 사용할 수 있다.

연구에 대한 기술

문헌을 검토한 이후에는 연구의 목표와 목적을 기술해야 한다. 연구 목표는 구체적으로 진술되어야 하며, 그 목표를 달성하기 위해서는 다음과 같은 수행 단계가 진행될 필요가 있다.

- 연구 주제에 대한 종합적인 문헌 검색의 실시

- 적절한 표집을 활용한 사용자의 요건 정의
- 사용자 요건에 근거한 프로토타입의 개발
- 개발된 프로토타입의 성능 평가와 태도에 대한 평가 실시
- 연구 보고서의 작성

적합한 연구 방법의 선택

연구의 목적이 무엇인지에 따라서 적용해야 할 연구 방법의 유형이 결정된다. 4장과 5장에서 논의했던 것처럼 모바일 HCI 연구를 수행할 때 활용할 수 있는 몇 가지 연구 방법과 기법들을 〈표 7-1〉에 요약하였다.

지금 사례로 들고 있는 연구 주제(위치 기반 휴대전화 서비스의 사용성 평가)의 경우 다음과 같은 단계에 따라서 연구를 진행할 수 있다.

요건 정의 만약 연령대에 따라서 자동 카탈로그 서비스에 대한 사용성 지각에서 차이가 있는지에 대하여 흥미를 갖고 있다면, 어떤 방법으로 차이점을 발견할 수 있을까? 면담법 또는 설문지 기법을 적용하거나, 서비스 이용 장면을 관찰할 수도 있으며, 서비스 이용 후에 사후면담을 실시할 수도 있다. 어떤 방식으로 연구 대상자를 활용할 것인지를 고려해야 한다. 이미 5장에서 모바일 HCI 연구에 활용될 수 있는 연구 방법에 대하여 다룬 바 있으므로 어떤 기법을 적용해야 하는지는 5장을 참조하기 바란다.

프로토타입 설계 방법 초기 자료 수집 단계를 실시했다면 다양한 연령대의 사용성 요구를 충족시키기 위한 서비스의 프로토타입을 개발해야 한다. 어떤 방법으로 프로토타입을 개발할 것인가?

〈표 7-1〉 **모바일 HCI 연구 방법과 기법**

연구의 목적	설계 방법	강 점	약 점	관련된 방법
시스템 혹은 서비스 설계	실험실 기반	자료 수집의 용이성 반복검증의 가능성	인위적 수행 환경 연구 결과의 제한적인 일반화	관찰법 면담법 수행측정* 발견적 평가 인지적 시연
	현장 연구	사용 맥락에 대한 연구 사용 환경에 대한 풍부한 자료	자료 수집이 오래 걸림 반복검증이 어려움	관찰법 면담법 설문지
	사례 연구	사용 맥락에 대한 연구 특정한 사용자 집단에 대한 풍부한 자료	자료 수집이 오래 걸림 반복검증이 어려움	관찰법 면담법 설문지 수행측정*
시스템 혹은 서비스 평가	실험실 기반	자료 수집의 용이성 반복검증의 가능성	인위적 수행환경 연구 결과의 제한적인 일반화	관찰법 면담법 수행측정* 발견적 평가 인지적 시연

〈표 7-1〉 **(계속)**

연구의 목적	설계 방법	강 점	약 점	관련된 방법
시스템 혹은 서비스 평가	현장 연구	사용 맥락에 대한 연구 사용 환경에 대한 풍부한 자료	자료 수집이 오래 걸림 반복검증이 어려움	관찰법 면담법 설문지
	사례 연구	사용 맥락에 대한 연구 특정한 사용자 집단에 대한 풍부한 자료	자료 수집이 오래 걸림 반복검증이 어려움	관찰법 면담법 설문지 수행측정*
모바일 정보통신 공학의 효과 평가	현장 연구 혹은 현상학적 연구	사용 맥락에 대한 연구 사용 환경에 대한 풍부한 자료	자료 수집이 오래 걸림 반복검증이 어려움	관찰법 면담법 설문지
	사례 연구	사용 맥락에 대한 연구 특정한 사용자 집단에 대한 풍부한 자료	자료 수집이 오래 걸림 반복검증이 어려움	관찰법 면담법 설문지

* 과제 완성 시간이나 오류 등의 측정

온라인 에뮬레이터를 사용할 수 있고, 지필형 프로토타입을 설계할 수도 있을 것이다. 모바일 장치와 응용 프로그램을 개발하기 위한 프로토타입 평가 기법은 5장에서 논의된 바 있다. 이 단계에서 중요한 점은 왜 그런 프로토타입 평가 기법을 선택했는지에 대한 논리적 근거가 있어야 한다는 것이다.

평가 방법 일단 프로토타입을 개발했다면 그것을 평가해야 한다. 어떤 방법을 적용할 수 있을까? 사람들에게 과제를 하도록 한 다음에 그들의 수행 결과를 측정할 것인지, 아니면 개발된 프로토타입에 대한 사람들의 태도를 측정할 것인지(설문지나 면담법을 활용)를 결정해야 한다. 또한 동일한 실험 대상자를 계속 활용할 것인지 아니면 새로운 사용자를 구할 것인지도 생각해야 한다. 3장과 4장에 일반적인 연구 방법과 HCI를 위한 연구 방법 등이 소개되었기 때문에 이를 참조하면 프로토타입을 평가할 수 있는 측정 도구를 개발할 수 있을 것이다. 이 단계에서 중요한 것은 프로토타입의 평가 방법도 연구 목적에 부합되어야 한다는 점이다.

연구 계획 이 단계에서는 연구 수행을 위한 시간 계획을 수립하는 것이 중요하다. 전체적으로 연구를 완료하기 위해서 수행해야 할 모든 과제를 세부적인 단계로 나누고 각 단계를 완수하기 위해서는 어느 정도의 시간이 소요되는지도 검토해야 한다. 이와 같이 과제를 계획할 때에는 문헌 검토, 프로토타입 개발, 프로토타입에 대한 평가 등에 소요될 시간에 대한 정보가 포함되어야 한다. 그리고 보고서 작성에 실제적으로 소요될 시간도 포함되어야 한다.

연구의 관리

연구를 수행할 때, 관리자의 관점에서 일을 진행해야 한다. 연구를 잘 관리하려면 어떤 것들이 필요할까? 이를 위해서는 과제 계획서 같은 것이 필요하다. 좋은 과제 계획서를 작성하기 위해서는 다음과 같은 두 가지 내용이 포함되어야 한다.

- 연구를 수행하는 동안 중요 단계별(예, 문헌 검토)로 어느 정도의 시간이 소요될 것인지를 계산하라.
- 연구 과정에 수반된 잠재적 문제점과 그것들을 어떻게 해결할 것인지를 확인하라.

시간 계산이 어느 정도 진행되었다면, 다음과 같은 요인을 고려해야 한다.

- 프로토타입을 개발하는 데 어느 정도의 시간이 소요될 것인가? 특히 이전에 프로토타입 개발 방법을 적용해 본 적이 없었다면 더욱 중요한 질문이다.
- 이 연구를 수행하기 이전에 이와 비슷한 연구를 해 본 적이 있는가? 만약 그런 적이 없다면, 지금 수립해 놓은 시간 계획에 대해서 다른 사람들이 어떻게 생각하는지 조언을 들어볼 필요가 있다. 주변의 동료나 지도교수와 상의하는 것이 좋다.
- 문헌 검토를 위해서 힘들게 찾아 놓은 논문을 모두 읽는 데 어느 정도의 시간이 걸릴까?
- 연구 수행을 위해 적절한 표집을 구성하는 데 어느 정도의 시간이 걸리겠는가?

- 연구에 필요한 자료 수집용 도구를 개발하는 데 어느 정도의 시간이 걸리겠는가? (예, 질문지, 관찰용 코딩지 등)
- 지도교수가 연구 결과를 모두 읽는 데 어느 정도의 시간이 걸리겠는가?
- 논문을 제출해야 하는 마감일은 언제인가?
- 연구 계획을 수립할 때 지도교수의 연구 지도 계획을 포함시켰는가?

연구를 진행하는 동안 발생할 수 있는 문제점을 확인하고 관리하기 위해서는 스스로 다음과 같은 질문을 할 필요가 있다.

- 연구의 내용이나 계획 중에서 자신이 통제할 수 없는 사람이나 요인에 의존하고 있는 부분은 없는가? (예, 실험 참여자를 구하는 문제, 소프트웨어나 녹화 장비의 주문, 연구를 위한 HCI 실험실 출입권 확보 등)
- 연구를 수행할 때, 자신이 해결하기 어려운 부분은 없는가? (예, PDA용 프로토타입의 개발)

일단 잠재적인 문제 요인을 확인했다면, 다음 단계는 이런 문제들을 관리하는 방법을 강구하는 것이다. 문제가 될 만한 요소를 연구 진행 초기에 점검하는 것도 하나의 방법이 될 수 있다. 그리고 모든 계획은 항상 잠정적으로 잘못될 수 있다는 사실을 염두에 두고 진행해야 한다. 따라서 연구를 수행하면서 시간 분배의 문제나 연구의 범위를 줄이는 등의 대안도 마련해 두어야 한다.

연구를 진행할 때의 문제

모든 노력에도 불구하고 생각했던 것과는 다른 방향으로 연구가 진행될 수도 있다. 그런 상황에 처하게 되면 어떻게 해야 하는가? 무엇보다도 당황하지 말고 침착하게 대처해야 한다(제출 마감 일자가 얼마 남지 않았다면 침착하게 대처하는 것이 쉽지는 않겠지만). 잠시 멈추고 다음과 같은 것들을 생각하자.

- 정상적인 일정으로 돌아가기 위해서는 어떤 것들을 해야 하는가(예, 평가나 자료 분석에 소요되는 시간 등을 다시 산정해야 할 것인가)?
- 지도교수에게 도움을 요청할 수 있는가?
- 다른 대안을 갖고 있는가, 만약 그렇지 않다면 다시 계획을 수립해서 진행하기 위해서는 어느 정도의 시간이 걸릴 것인가?

HCI 연구에서의 윤리적 측면

HCI 연구에서 종종 간과되고 있는 중요한 측면 중의 하나는 바로 윤리적인 문제다. 모바일 HCI 연구 분야(일반적인 HCI 연구 분야를 포함해서)는 기술공학 분야의 새로운 개발 영역과 관련되어 있기 때문에 설계자와 연구자들은 지속적으로 윤리적 도전에 직면하게 된다. 특히, 이 분야의 연구가 간학문적인 속성을 갖고 있기 때문에 ACM(Association of Computing Machinery), BPS(British Psychological Society), APA(American Psychological Association)와 같은 주요 학회의 연구 윤리 실천 강령에 익숙해져야 한다.

HCI 연구를 수행할 때 학생들이 윤리적인 측면을 고려하는 것을 간과하는 경향이 있다. 많은 학생은 HCI 연구 계획을 수립하고 연구를 수행할 때 이러한 윤리적인 문제를 언급해야 한다는 것조차도 모르는 경우가 많다. Cairns와 Thimbleby(2002)는 HCI 연구 분야에서도 의학 분야와 같이 표준화된 절차가 있어야 한다고 주장하고 있다. 그렇다면 모바일 HCI 분야의 연구자들이 꼭 알고 있어야 하는 절차에는 어떤 것들이 있을까? 모바일 HCI 연구를 수행하기 위하여 준비 중이라면 당신의 연구가 다루게 될 수도 있는 윤리적인 문제를 고려해야 한다.

- 연구에서 참여자들이 수행하게 될 과제에 대하여 진지하게 생각해 보았는가? 예를 들면, PDA를 사용하여 정보를 찾는 과제를 수행한다고 했을 때 그 과제를 수행하기 위하여 1시간 이상이 소요된다고 하더라도 문제가 없는가? 참여자들에게 너무 과도한 압박감을 주고 있는 것은 아닌가?
- 연구 참여자에게 꼭 필요한 신상정보(나이, 성별, 직업 등)만을 묻고 있는가? 그런 정보들이 연구 목표를 달성하는 데 정말 필요한 것들인가?
- 연구 참여자들에게 연구의 내용에 대하여 사전에 알려 주었는가? 그들의 자료가 어떻게 사용될 것인지를 설명해 주었는가? 실험이 끝난 뒤에 연구 결과를 어떻게 확인할 수 있는지에 대해서 설명해 주었는가? 연구가 시작되기 전에 참여자를 위한 실험 참가 동의서를 만들어서 읽도록 해 주어야 한다. 이 동의서를 통하여 참여자는 연구가 무엇을 위한 것인지 알고 참여할 수 있게 된다. 이 사전 동의서는 여기에서 설명하고 있는 많은 윤리적인 문제를 해결하는 데 도움이 될 것이다. Tip 2에는 사전 동의서의 양식을 제시해 두었으니 참고하기 바란다.

TIP 2 실험 참가 동의서

연구를 수행할 때에는 항상 이와 같은 실험 참가 동의서를 받도록 해야 한다. 물론 연구되고 있다는 사실이 먼저 알려지면 문제가 되는 모바일 HCI 연구가 있을 수 있다(카페에서의 휴대전화 사용과 관련된 행동을 자연스러운 상황에서 관찰해야 하는 경우). 그러나 어떠한 경우라 하더라도 의식적이건 무의식적이건 연구에 참여한 사람들에게서 실험 참가 동의서를 받아야만 한다.

[그림 7-1]은 참가 동의서에 어떤 종류의 정보가 포함되어 있어야 하며 어떤 양식으로 구성되어야 하는지를 보여 주기 위한 것이다.

제 이름은 ○○○이며, 현재 영국 West London에 있는 Brunel University의 정보 시스템, 컴퓨터, 수학 단과대학에서 근무하고 있습니다.

이 연구의 목적은 휴대전화를 활용한 음성 기반 영화 정보 서비스에 대한 사람들의 지각을 연구하기 위한 것입니다.

연구 목적을 위하여 세 영화의 시작 시간을 알아보라는 요청을 드릴 것입니다. 이 과제를 모두 마친 이후에 서비스에 대한 귀하의 의견을 수집하기 위한 간단한 설문지에 응답해 주시면 됩니다.

이 과정에서 수집된 모든 자료는 무기명으로 처리되어 출판될 것입니다. 이 연구의 결과가 궁금하신 분들은, 실험이 종료된 후에 저에게 연락처를 남겨 주시면 결과에 대한 정보를 보내드리도록 하겠습니다.

언제든지 실험 참가를 철회하실 수 있습니다. 만약 이 연구와 관련해서 궁금한 것이 있다면 문의해 주시기 바랍니다. 끝으로 이 연구의 참가에 동의해 주셔서 감사드립니다.

나는 위의 진술문을 모두 읽었으며, 나에게 어떤 권리와 책임이 있는지를 알고 있다.

참여자 이름:
날짜:

[그림 7-1] 참가 동의서 양식

- 연구 참여자에게 어떤 취지로 연구가 수행되었는지에 대하여 설명하는 시간을 따로 마련해 두었는가? 만약 어떤 식으로든지 참가자를 속여야 하는 연구였다면(녹화되고 있다는 사실을 미리 알리지 않았을 경우), 어떤 방식으로 연구가 진행되었는지에 대해서 충분히 설명할 수 있는 기회가 제공되어야 한다. 만약 당신의 연구가 공공장소에서 사람들의 휴대전화 사용에 대한 행동 관찰에 대한 것이라고 하자. 당신은 연구 참여자들에게 웹사이트 내비게이션에 대한 연구라고 설명하고 실험 참여자가 실험 장면에 참여하도록 유도할 수 있다. 그리고 본래 연구의 목적을 위하여 실험 동조자가 함께 있도록 만들 수 있다. 이때 실험 동조자가 휴대전화를 받게 된다. 실험의 진행을 도와주기 위한 것이다. 실험 상황이 종료된 이후에 어떤 속임수가 있었는지를 설명했다면, 수집된 자료를 연구 목적으로 활용할 수 있는지에 대한 승낙을 받아야 한다.
- 만약 관찰 자료를 수집하고 있다면, 관찰 이전이나 이후에 사람들에게 관찰되었다는 사실을 알려 주고 자료 활용에 대한 동의서를 받아야 한다.
- 연구 목적에 부합되는 않는 결과라고 하더라도 모든 연구 결과를 제시하였는가? 분석된 자료를 있는 그대로 객관적으로 제시하였는가?

자료의 분석

연구에서 사용할 방법이 결정되었다면 수집된 자료를 어떻게 분석할 것인지를 결정해야 한다. 이 단계에서 주의할 점은 자료를 분석할 때 연구의 목적이 무엇이었는지 유념하고 있어야 한다는 것이다. 실제 자료를 분석하기 전에 통계 패키지 사용에 대한 강좌에 등록해서 연구에서 사용하려는 통계 패키지가 어떻게 작동하는지 잘 알고 있어야 한다. 또한 여기에서 간과하지 말아야 할 것은 당초에 연구자가 수집했던 계획보다 자료 분석에 더 많은 시간이 소요될 수 있다는 점이다. 그렇기 때문에 (과제 관리 부분에서 설명했던 것처럼) 자료 분석 단계에서는 가급적 충분한 시간을 할애하는 것이 유용하다. 자료 분석 기법(3장과 4장 참조)에 대한 종합적인 이해를 위해서는 Coolican(2000)의 저서를 참고하라.

연구 결과의 정리

연구를 수행해서 자료를 수집하고 그것을 분석하였다면 마지막으로 그 결과를 정리해야 한다. 지도교수에게 문의하면 연구 결과의 구성 양식에 대한 설명을 들을 수 있을 것이다. 만약 학교에 제출하는 논문이라면 여백, 글자 크기, 분량, 보고서의 구조 등에 대한 지침서가 준비되어 있을 것이다. 보고서를 작성하기 전에 어떤 내용이 포함되어야 하며, 어떤 편집 양식에 맞춰야 하는지 명확하게 알고 있어야 한다.

연구 논문의 작성

다음은 HCI 연구를 위한 기초 수준의 논문이 어떤 구조와 내용으로 구성되어 있어야 하는지를 보여 주기 위한 사례다.

제 목 제목은 너무 길지 않게 가급적 간명하게 만들어야 한다. 예를 들면, '사용자가 음성 기반 휴대전화 서비스에 대한 사용성 평가를 할 때 나이와 같은 개인차 변수가 미치는 효과에 대한 탐색'이라는 논문 제목보다는 '사용자의 나이가 음성 기반 휴대전화 서비스의 사용성 지각에 미치는 영향'이라는 제목이 훨씬 더 좋다.

초 록 초록은 요약이라고도 불린다. 논문의 앞부분에 요약이 제시된다는 것이 약간 이상하게 보일지는 모르겠지만 초록을 맨 앞에 두는 이유가 있다. 초록의 목적은 고생스럽게 완료된 연구에 대한 주요 내용을 요약 형식으로 독자에게 제공해 주기 위한 것이다. 초록은 당신의 연구 주제에 흥미를 느끼고 문헌 검토를 하는 사람들에게 매우 유용하다. 연구 방법에 대한 정보와 연구 결과의 내용을 요약해서 읽음으로써 많은 시간을 절약할 수 있다. 초록집의 내용만 검토해 봐도 자신의 연구를 어떻게 수행할 것인지를 그려 볼 수 있게 된다.

서 론 서론은 자신의 연구 주제를 소개하기 위한 것이다. 노인을 위한 휴대전화 설계에 관심이 있다고 하자. 이 경우에는 노인과 관련된 HCI 연구에 대한 논의부터 시작할 수 있다. 다음 단계는 HCI와 노인에 대한 핵심 이론과 연구 결과에 대하여 논의할 수 있다. 그러고 나서 점차적으로 자신의 연구 주제를 좁혀 나가야 한다. 여기에서 중요한 것은 연구의 목표와 목적이 진술되었을 때 그 내용을 독자들이 잘 따라올 수 있고, 연구 결과가 제시되었을 때 학술적인 맥락에서 이해할 수 있도록 일관된 주장을 펴야 한다는 점이다.

연구의 목표와 목적은 명확하게 진술되어야 한다. 연구의 목표는 독자들에게 당신 연구가 무엇에 대한 것인지를 설명하는 것이다(예, 휴대전화 서비스에서 음성 입력 방식과 키패드 입력 방식에 대한 사용자의 사용성 지각). 연구의 목적은 어떻게 연구 목표를 달성할 것인지에 대한 설명이다(예, 관련된 문헌에 대한 검토, 두 개의 서로 다른 휴대전화 서비스에 대한 사용자의 지각 수준을 알아보기 위한 질문지의 개발, 프로토타입의 개발 등).

연구 방법 그다음 단계는 연구 목표를 달성하기 위하여 적용된 연구 방법에 대한 정보가 제시되어야 한다. 휴대전화 서비스를 위한 두 종류의 입력 장치(음성 입력과 키패드 입력)에 대한 사용자의 선호도를 알아보기 위하여 실험실에서 모바일 HCI 실험을 진행 중이라면, 어떤 실험 설계(대응표본 설계 혹은 관련 설계)가 적용되었는지 상세한 정보를 제공해 주어야 한다. 또한 연구에서 적용된 종속변인과 독립변인이 무엇이었으며, 연구 참여자는 몇 명이었는지, 어떤 처치(실험 조건)가 제공되었는지에 대한 정보를 진술해 주어야 한다. 또한 어떤 자료 수집 방법을 적용했는지도 설명해 주어야 한다(과제 완성 시간, 오류 횟수, 프로토콜 분석 등). 모바일 HCI 연구와 관련된 실험 설계나 자료 수집 기법은 3장과 4장을 참조하기 바란다.

프로토타이핑 기법을 상세히 다루어 주는 것도 연구 방법에 포함될 수 있는 내용이다. 예를 들어, 이 연구에서는 두 가지 상호작용 유형(음성 입력과 키패드 입력)에 따른 사용자의 지각을 측정하기 위해서 오즈의 마법사 기법을 적용했다고 기술하면 된다. 모바일 장치와 응용 프로그램을 위한 프로토타이핑 기법에 대해서는 5장을 참조하기 바란다. 어떤 방법을 적용했든지 왜 그 방법을 써야 했는지에 대한 논리적 정당성을 진술해야 한다.

참여자 연구 대상자에 대한 정보를 제시해야 한다. 독자들에게 몇 명이 연구에 참여했으며, 그중에서 남성과 여성은 몇 명이었는지에 대해서 설명해야 한다. 또 연령에 따른 범주(18~30, 31~45,

46~55)를 구분하고 참여자들의 휴대전화 서비스 이용 경험의 정도를 서술해 줄 필요도 있다. 또한 연구에서 사용한 표집 방법에 대한 설명도 제시되어야 한다.

자 료 여기에서는 실험에서 활용된 일체의 자료 등을 기술해 주어야 한다. 만약 연구에서 시스템에 대한 사용자의 지각을 평가하기 위하여 리커트 척도에 의한 질문지를 사용한다면 어떤 문항이 활용되었는지를 제시해 주어야 한다. 또한 어떻게 그 질문지를 설계했으며, 신뢰도와 타당도를 어떻게 측정했는지를 설명해야 한다. 그리고 부록에 질문지 전체 문항을 함께 첨부해야 한다. 연구에서 사용된 장비가 있다면, 그 장비에 대한 정보도 포함되어야 한다. 연구 참여자의 행동을 관찰하기 위하여 비디오카메라를 사용했다면, 제조사와 모델명을 밝혀야 하며 어떻게 자료를 녹화했는지를 설명해 주어야 한다(신문지 너머로 몰래 촬영했는지 아니면 삼각대를 사용해서 촬영했는지의 여부 등).

간단히 요약하자면, 자료 수집을 위하여 적용된 모든 것을 기술해야 한다는 것이다. 또한 왜 그러한 자료가 활용되었는지에 대한 논리적 정당성이 설명되어야 한다. 이런 식의 진술이 지나칠 정도로 상세하다고 생각할 수도 있다. 그렇지만 당신의 논문을 읽을 어떤 사람은 그 연구를 그대로 따라해 보고 싶을 수도 있다는 점을 생각해야 한다. 그렇기 때문에 자신이 사용한 연구 방법을 최대한 상세하게 제시하는 것이 중요하다.

절 차 여기에서는 연구의 시작에서부터 종결에 이르기까지의 과정을 정확하게 기술해야 한다. 만약 휴대전화로 음악 카탈로그를 통해 선곡하는 서비스에서 음성 입력과 키패드 입력에 대한 사용성을 평가하기 위하여 연구 참여자를 실험실로 오도록 했다고 가정해 보자. 이런 경우에는 다음과 같이 연구 절차를 기술할 수 있을 것이다.

> 실험 참여자가 실험실에 도착하면 연구자는 실험 참여자들에게 연구의 목적을 설명해 주었다. 실험 참가 동의서를 작성하기 이전에 연구와 관련된 질문이 있는지의 여부를 물었다. 잠깐의 휴식을 취한 다음에 자동 카탈로그와 음악 목록을 주문하기 위한 사용 설명서를 제공했다. 이때 참여자들은 자동 음악 카탈로그 서비스의 음성 입력 버전 혹은 키패드 입력 버전 중의 하나를 사용하도록 하였다. 과제를 마친 후에 리커트 유형의 설문지를 작성하도록 하였다. 그리고 반구조화된 면담이 실시되었는데, 이 면담을 통하여 방금 전에 자신들이 사용한 경험에 대하여 자유롭게 논평하도록 하였다. 마지막으로 참여자들에게 다른 질문이 없는지 확인했다. 끝으로 실험 참가비가 지급되었으며, 실험실 밖으로 안내되었다.

결 과　여기에서 가장 중요한 것은 연구의 목표와 목적에 부합되도록 연구의 결과를 제시해야 한다는 것이다. 지금까지 우리가 다루었던 연구 사례는 두 가지 종류의 서비스에 대한 사용자들의 태도 및 수행이 어떻게 달라지고 있는지에 대한 것이었다. 따라서 결과를 제시할 때에도 〈표 7-2〉와 같은 방식으로 두 종류의 서비스를 비교하여 제시해야 한다. 〈표 7-2〉에 제시된 결과를 보면, 나이가 가장 어린 집단을 제외하고, 음성 입력 방식으로 자동 음악 카탈로그를 사용할 때 더 빨리 과제를 완료했다는 것을 알 수 있다.

〈표 7-2〉 **평균 과제 완성 시간**(단위: 초)

연령집단	과제 1		과제 2		과제 3	
	음성	키패드	음성	키패드	음성	키패드
18~30	90	88	120	119	110	112
31~45	120	100	156	146	130	145
46~55	156	146	180	210	200	243

수행에 대한 결과를 제시하고 나서 설문 및 면담을 통하여 발견한 내용을 참여자에게 알려 주어야 한다. 또한 연구에서 적용된 자동 휴대전화 서비스에 대한 생각을 듣기 위하여 면담이 실시되었다. 면담 자료를 분석하기 위해서는 전사된 자료를 바탕으로 주제 분석(thematic analysis)을 실시할 수도 있다(면담에서 나온 의견을 중심으로 도출되는 주제를 추려 나가는 분석 방법). 〈표 7-3〉은 이런 분석의 결과를 제시한 것이다. 〈표 7-3〉을 보면 주제 분석을 통하여 도출된 주제를 '요인'이라는 열에 제시하였다. 각 요인은 실험 참여자들의 답변을 직접 인용문의 형식으로 포함하고 있다. 〈표 7-3〉에서는 '요인별 사용자 의견'이라는 제목으로 정리하였다.

이 부분에서는 상세한 통계 분석의 결과를 함께 조합하여 결과를 제시할 수 있다. 음성 입력 방식과 키패드 방식의 자동 휴대전화 서비스 사용 시 과제 완성 속도에서 유의미한 차이가 있는지를 확인하기 위하여 집단 간의 차이를 검증할 수도 있다. 보다 상세한 분석 결과의 제시 방법을 알기 위해서는 Coolican(2000)의 책을 참조하라.

논 의 논의는 연구 결과가 원래 의도했던 연구의 목표와 어떻게 관련되어 있는지를 설명하는 것이다. 음성 입력 방식과 키패드 입

〈표 7-3〉 **서비스의 사용성 지각에 영향을 미치는 요인**

요 인	요인별 사용자 의견
사회적 수용	• 공공장소에서는 이런 서비스를 사용하고 싶지 않다. • 내가 만약 기차 같은 곳에 앉아서 이런 서비스를 사용해야 한다면 굉장히 창피할 것 같다. • 모바일 서비스이기 때문에 공공장소에서 이것을 사용해야 하는 것은 당연하다.
편리성	• 이 서비스를 어떻게 사용해야 하는지 배우는 것이 쉬웠다. • 먼저 나 혼자서 연습을 좀 해 봤는데 과제를 완성하는 것이 쉬웠다. • 일관된 피드백을 제공해 주었기 때문에 시스템 사용이 쉬웠다.
인지적 부하	• 과제를 완성하기 위해서 서비스를 이용할 때 열심히 집중해야만 했다. • 내가 원하는 정보를 얻기 위해 서비스를 사용하면서 때때로 어떻게 해야 할지 몰랐다. • 어떤 메뉴는 너무 길어서 내가 어떤 메뉴를 선택했었는지를 곧잘 잊었다.
사용 경험	• 나는 휴대전화를 몇 년째 사용하고 있는데, 이런 유형의 서비스를 이미 사용해 본 적이 있다. • 나의 휴대전화 사용 경력은 이제 겨우 6개월밖에 되지 않았기 때문에 이런 서비스를 사용할 때마다 아직도 혼동된다. 난 이런 서비스를 자주 사용하지 않는다.
서비스의 속도	• 시스템이 너무 느려서 내 요구에 반응하는 데 한참이나 걸린 것 같다. • 사용 중에 실수를 했을 때 원래 사용하던 메뉴로 돌아가기 위해서는 시간이 너무 오래 걸렸다. • 반응 시간이 좀 더 빨라져야 할 것 같고 덜 형식적이면 좋겠다.

력 방식의 자동 휴대전화 서비스에서 지각된 사용성에 대한 사람들의 태도 점수는 어떤 유의미한 차이가 있었는가? 그리고 당신의 연

구 결과와 그 분야에서 보고된 선행연구의 결과를 비교하면서 논의를 이끌어야 한다. 이런 논의를 할 때에는 서론 부분에서 언급했었던 선행연구와 자신의 연구 결과를 비교해야 한다.

만약 '기대하지 못했던' 연구 결과가 나왔다면 어떻게 해야 하는가? 물론 그런 점에 대해서도 역시 논의해야 한다. 기대하지 못했던 결과라고 해서 감추려 하지 말아야 한다. 당신의 연구 결과로 말미암아 새롭고도 흥미로운 연구 방향이 설정될 수도 있는 것이다. 여기에서 중요한 것은 왜 그런 결과가 도출되었는지를 생각해 보는 것이다. 실험 설계 방법 때문에 그런 결과가 도출되었을 가능성도 있다. 적절한 자료 수집 방법이 적용되었는지 아니면 연구에 적합한 독립변인과 종속변인을 설정했는지 등을 생각해 보아야 한다. 자신의 연구 결과를 다른 선행연구와 비교했을 때, 무엇 때문에 연구 결과가 달라졌는지를 생각해 보아야 한다.

논의 부분에서 전체적으로 연구를 평가하고 반성적으로 검토하는 것이 중요하다. 또한 연구 결과에 영향을 미칠 수 있는 어떤 오류가 발견되었다면, 그런 점들에 대해서도 언급해야 한다. 기대했던 결과를 얻지 못했다면 연구 설계의 문제 때문만은 아닐 수도 있다. 만약 음성 입력 방식과 키패드 방식에서 참여자 간의 선호도가 유의미한 차이를 나타내지 않았더라도, 추세가 음성 입력 방식을 더 선호하고 있다면 그렇다고 설명하는 것이 낫다. 대신에 앞으로 어떻게 그 문제를 집중적으로 탐구할 것인지를 설명해 주어야 한다. 그리고 이 단계에서 현재의 연구 결과를 확장하기 위한 향후 연구를 제언할 수 있다. 이 경우에는 장기간에 걸쳐 적용해 보았는지에 대한 논의도 가능하다. 또한 연구를 수행하면서 그 과정에 대한 개인적인 반성을 언급하는 것도 의미 있는 일이다.

결 론 마지막으로 논의 부분에서 결론을 내리는 문단으로 일단락을 맺거나 별도로 결론을 구성할 수도 있다(논문의 구조에 따라서 달라진다). 여기에서는 연구의 중요한 발견 내용을 정리하고 원래의 연구 목표와 이런 결과들이 어떻게 연관되고 있는지에 대해서 설명해야 한다. 그런 결과가 선행연구와 어떻게 일치하고 있는지를 제시해 주어야 한다. 또한 연구 결과의 함의점에 대해서도 언급할 수 있다.

결론 부분을 집필하는 것은 쉽지 않다. 논의 부분에서 언급되었던 내용은 물론, 초록이나 요약 부분에서 언급했던 내용도 반복하지 않아야 하기 때문이다. 초록과 중복되지 않도록 결론 부분을 집필하려면 초록을 맨 마지막에 작성하라고 권하고 싶다. 이런 방법을 사용하면 초록의 내용을 결론에서 반복할 필요가 없기 때문이다. 초록의 목적은 연구 전체를 요약하기 위한 것이며, 결론은 연구의 결과에 대한 전반적인 내용을 정리하고 향후 연구를 위한 제언을 하기 위한 것이다.

부 록 부록에는 다음과 같은 정보를 포함시킬 수 있다.

- 연구에서 사용한 검사 자료(사용성 설문 등)
- 실험 참여자에게 배포한 지시문(과제 수행을 위한 지시문)
- 원자료(면담 내용에 대한 전사 자료나 과제 완성 시간의 기록)
- 프로토타입의 화면 캡처 사진(프로토타입을 CD 형태로 제출할 수도 있음)

연구 보고서의 내용 속에 부록에 대한 내용을 인용할 수 있다. 그렇기 때문에 부록의 내용에 대해서 고유한 번호 등을 부여해 두어야 한다. 즉, 연구 방법에서 자료를 설명할 때 '이 연구에서 사용된 사용성 설문의 전체 내용을 보려면 부록 A를 참고할 것'이라고 기술하면 된다. 다시 한번 언급하지만 부록을 만들 때에는 모든 내용이 빠짐없이 들어가도록 점검해야 한다. 이런 부분에 대해서는 지도교수와 상의하기 바란다.

참고문헌 목록 논문을 작성하면서 인용했던 선행연구들은 맨 마지막에 참고문헌 목록에 제시되어야 한다. 연구 논문을 읽는 사람들은 참고문헌 목록을 유심히 살펴볼 것이고 본문에서 인용된 것이 참고문헌 목록에 제시되었는지를 확인할 것이다. 만약 참고문헌 목록에 제시된 내용이 제대로 표시되어 있지 않거나 부정확하다고 생각되면 논문의 신뢰도에 부정적인 영향을 미칠 수 있기 때문에 주의해야 한다.

참고문헌 목록을 작성할 때에는 특정한 인용 스타일을 일관된 방식으로 사용해야 한다. 어떤 편집 스타일을 적용해야 하는지 확신이 서지 않으면, 지도교수에게 문의해야 한다. 여기에서는 참고문헌 인용 방식 중의 하나인 Harvard 스타일을 소개한다.

저서

Norman, D. A. (1998). *The Psychology of Everyday Things.* New York, Basic Books.

만약 편저의 특정 장을 인용했다면 다음과 같이 인용해야 한다.

Murtagh, G. (2000). Seeing the 'Rule': Preliminary Observations of action, Interaction and Mobile Phone

Use. In *Wireless World: Social and Interactional aspects of the Mobile Age*, Brown, B., Green, N., & Harper, R. (Eds.). London: Springer.

학술논문

Wei, R., & Leung, L. (1999). Blurring public and private behaviours in public space: policy and challenges in the use and improper use of the cell phone. *Telematics and Informatics*, 16, 11-26.

학술대회 발표논문

Love, S. (2001). 'Space Invaders: Do Mobile Phone Conversations Invade Peoples' Personal Space?'. Proceedings of 18th International Human Factors in Telecommunications Symposium in Bergen, Norway, 5-7 November 2001, 125-131.

인터넷 참고문헌

BT Celnet (2001). Mobile Etiquette: Changing the way we use our mobiles. http://www.btcellnet.net/cgi-bin accessed 15/10/01.

*다른 참고문헌의 인용도 그렇지만 인터넷 참고문헌의 경우에 이 자료를 찾아보고자 원하는 사람들이 가급적 쉽게 찾을 수 있도록 해 주는 것이 중요하다.

저자를 알 수 없는 보고서의 인용

어떤 경우에는 특정 저자의 이름 없이 기관의 이름으로 출판되는 보고서 등을 인용해야 할 때도 있다. 이런 경우에는 다음과 같이 인용한다.

The Disability Discrimination Act (1995). Chapter 50. Department fro Education and Employment, UK.

전체적인 원고 작성과 발표 양식

지도교수가 논문의 원고 작성 방법과 편집 양식을 제공할 것이다. 어떤 경우는 그 기관의 고유한 글쓰기 양식이 있을 것이다. 그러므로 글을 쓰기 전에 지켜야 하는 글의 형태가 있는지를 확인해 보는 것이 좋다. 각 페이지의 쪽수, 목차, 장이나 절의 제목 등을 빠짐없이 점검해야 한다. 또한 철자법도 매우 중요하다. 모든 워드프로세서들은 맞춤법에 대한 기본적인 점검 기능을 갖고 있기 때문에 이를 활용하는 것도 도움이 된다. 글을 쓰는 스타일은 개인 고유의 것이지만 시간이 지날수록 문헌 검토 등을 통하여 학문적인 글쓰기에 익숙해질 것이다. 다른 사람의 학위논문을 보는 것도 글쓰기에 많은 도움을 준다. 보고서를 명확하고 유용하게 써야 하는 것은 당연한 일이다. 전달하고자 하는 바가 무엇인지, 연구의 목적이 무엇인지, 연구에서 알아낸 결과는 무엇이고 그 결과를 통하여 어떤 결론을 얻었는지 등에 대해 다른 사람이 분명히 알 수 있도록 노력해야 한다.

요 약

이 장은 연구를 수행하는 연구자에게 연구 계획과 실천을 도와줄 수 있는 가이드라인을 제공하고, 논문의 구조화 및 작성에 관한 정보를 제공하기 위한 목적으로 기술되었다. 연구자는 연구 시작 전에 다음의 세 가지 질문에 대한 답을 할 수 있어야 한다. 첫째, 무엇을 연구하고자 하는가? 둘째, 왜 이 주제를 연구하고자 하는가? 셋째, 어떻게 이 연구를 수행하고자 하는가? 이 질문에 대한 답은 수업을 통해서도 얻을 수 있고, 지도교수와 상의를 해도 되며, 동료들과 논의를 하거나, 문헌 검토를 통해서도 얻을 수 있다.

문헌 검토를 통해 연구자가 알고 싶은 연구 문제에 관한 아이디어를 얻거나, 연구 수행을 지원할 수 있는 연구 방법에 관한 다양한 아이디어를 얻을 수 있다. 실제 연구 프로젝트를 수행할 때는 계획과 관리가 중요하다. 초기에 현실적으로 시간을 배분하고 단계별로 해야 할 일을 잘 정해 두어야 한다. 또한 계획했던 대로 되지 않을 경우를 대비해 대안도 마련해 두는 것이 좋다.

연구 결과를 작성할 때는 해당 기관에서 요구하는 형태의 글쓰기 양식이 있는지를 확인해야 한다. 연구 내용에 대한 전체적인 내용을 기술할 때에는 독자들에게 상세한 정보와 흥미를 제공할 수 있어야 한다. 연구를 시작하기 전에는 항상 먼저 계획을 세우고 생각하는 것을 잊지 마라. 궁극적으로는 이렇게 함으로써 많은 시간과 노력을 절약할 수 있다. 글쓰기나 발표를 할 때도 마찬가지로 먼저 계획하고 생각하는 것이 중요하다.

자·기·점·검

- 논리 연산자
- 인용 양식
- 연구 윤리
- 위험 관리

연·습·문·제

1. 새로운 음성 기반 휴대전화 서비스에서 나이가 사용자의 사용성 지각에 미치는 영향에 대해 연구한다고 가정하자. 이 연구를 6개월간 수행한다고 할 때, 연구 프로젝트의 계획을 작성해 보자(프로젝트의 일정 계획표 포함).

2. 이 연구를 수행할 때, 참여자에게 받아야 하는 참가 동의서를 작성해 보자.

3. 이 연구 주제에 맞는 정보를 찾기 위해서 어떠한 검색 방법을 사용할 것인가?

참고문헌

Cains, P., & Thimbleby, H. (2002). *The Diveristy and ethics of HCI.* www. uclic.ucl.ac.uk/harlod/ethics/tochethics.pdf Accessed 12.01.05.

Coolican, H. (2000). *Introduction to Research Methods and Statistics in Psychology* (3rd ed.). Hodder and Stoughton.

Sharp, J., Peters, J., & Howard, K. (2002). *The Management of a Student Research Project* (3rd ed.). Gower.

읽을거리

Howitt, D., & Gramer, D. (2000). *An Introduction to Statistics in Psychology: a complete guide for students.* Sage.

Silverman, D. (2001). *Interpreting Qualitative Data: methods for analysing talk, text, and interaction* (2nd ed.). Sage.

제8장

자료 분석

●●●●●●●●●

이 장에서는 모바일 HCI 연구에서 수집한 자료를 어떻게 분석하는가에 초점을 두었다. 여기에서 다루는 통계 기법은 모두 구체적인 모바일 HCI의 예를 적용한 것이다. 상업적 통계 패키지에서 제공되는 기능을 수리적인 공식으로 설명하는 것이 낯설게 느껴지겠지만 자료의 검증과정을 보다 정확하게 이해하기 위해서 꼼꼼하게 살펴 두는 것이 좋다. 이 장의 참고문헌 목록에는 통계 기법을 보다 깊이 이해하는 데 도움이 될 만한 자료들이 소개되어 있다.

제8장

자료 분석

통계는 왜 필요한가

이 세상 사람들이 모두 같다고 가정해 보자. 모바일 기기 및 서비스를 사용할 때, 그들의 키도 모두 같고, 입은 의복도 같고, 같은 음악을 좋아하며, 같은 욕구를 가지고 있다고 해 보자. 만약 사람들 간에 차이가 없다면, 이들이 모바일 서비스나 장비를 사용할 때의 태도나 수행을 알기 위해 한 사람의 정보만 얻으면 될 것이다. 이런 경우에는 모바일 기기를 개발하는 것이 매우 쉬울 것이다. 그러나 우리가 사는 세상의 가장 기본적인 속성은 다양성이다. 그리고 그것은 HCI에 영향을 준다. 이 장에서는 모바일 기기를 이해하거나 설계하는 데 중대한 영향을 미치는 이러한 차이에 초점을 두고자 한다(이와 유사한 것을 2장의 사용자의 특성과 6장의 사회적 사용성에서 다루기는 했었다).

통계의 목적은 이러한 차이에 대한 이해를 돕기 위한 것이다. 이 차이는 모바일 HCI 연구를 위해 설문지, 면담 질문, 수행 측정 등을 개발할 때 당연한 것으로 간주되어 왔다. 일단 연구자의 자료가 수집이 되면, 거기에는 항상 차이가 존재한다. 그런데 자료가 수집되었을 때 가장 먼저 생각해야 할 점은 다양한 자원을 통해 얻은 자료를 어떻게 요약하는가 하는 것이다. 이에 대해서는 3장에서 좀 다루었다. 요약이라 함은 그래프나 차트 및 표와 같은 형태로 자료를 가공하는 것이다. 이러한 것을 기술 통계라고 한다.

숫자로 자료를 기술하기

본질적으로 기술 통계는 연구에서 수집한 자료를 서술식으로 제시하는 것이다. 아무도 당신 연구의 원자료를 보고 싶어 하는 사람은 없을 것이다. 대부분의 사람은 자료의 기본 유형이나 차이 정도만 요약적으로 보고 싶어 할 것이다. 따라서 연구자들은 논문을 통하여 그 연구의 주요 결과를 효과적으로 정리해서 제시하는 데 노력해야 한다. 그러나 연구 결과에 대한 요약은 자칫 자료를 왜곡시킬 우려가 있다. 그러므로 연구 윤리에 따라서 항상 자료를 명확하게 제시할 필요가 있다(설혹 이것이 연구의 가설에서 벗어났더라도). 자료를 기술할 때 중요한 방법으로 활용되는 것이 중앙집중 경향에 대한 측정이다. 이에 대해 좀 더 살펴보도록 하자.

중앙집중 경향의 측정 중앙집중 경향은 평균, 중앙값, 최빈치로 측정된다. 이들을 하나씩 살펴보도록 하자. 먼저 이를 설명하기 위해서는 예시 자료가 필요하다. 〈표 8-1〉은 모바일 영화 목록 서비스에 관한 연구에서 참여자가 주어진 과제를 수행하는 데 걸린 시간을 수행 점수로 나타낸 자료다.

〈표 8-1〉 **모바일 영화 목록 서비스 이용 과제 수행 시간**

참여자	과제 완성 시간
1	35
2	32
3	40
4	10
5	35
6	27
7	25
8	35
9	33
10	34

■ 평균

평균은 사람들이 흔히 자료의 보통 수준을 지칭하는 기술적 용어다. 모든 참가자의 과제 수행 점수를 합산한 후 그것을 전체 참가자의 수로 나누면 된다. 〈표 8-1〉의 예로 설명하면 다음과 같다.

$$\frac{35+32+40+10+35+27+25+35+33+34}{10}$$

이렇게 해서 계산한 평균값은 30.6이다.

평균을 구할 때는 다음과 같은 공식을 쓰면 된다.

$$\bar{X} = \frac{\Sigma x}{N}$$

이 장에서는 많은 공식을 다룰 것이므로 공식에 대해 좀 더 자세히 설명하기로 한다. 앞의 예에서, 평균 공식은 다음의 것들로 이루어져 있는데, $\bar{X}$는 수학 용어로서 표본 집단의 평균을 나타낸다(위의 예에서는 30.6이었다). Σx는 모든 점수의 합을 의미한다. Σ는 그리스어로 S(시그마)를 나타낸다. Σ가 공식에 있으면 점수를 모두 더하라는 뜻이다. N은 점수의 총 개수를 나타낸다. 앞의 예에서 사례 수는 10이므로 N은 10이다.

■ 중앙값

중앙값은 자료를 나열했을 때 가운데에 위치한 값이다(자료의 50%는 중앙값보다 크고, 나머지 50%는 중앙보다 작다고 생각하면 된다). 중앙값을 계산하기 하기 위해서는 숫자의 서열을 나타낼 필요가 있다. 앞의 예를 사용하여 나타내면 〈표 8-2〉처럼 나타낼 수 있다.

〈표 8-2〉 **과제 수행 시간을 오름차순으로 정리**

과제 완성 시간의 오름차순
10
25
37
32
33
34
35
35
35
40

중앙 위치(또는 중앙 자리)를 계산하는 공식은 다음과 같다.

$$\frac{N+1}{2}$$

따라서 앞의 예에서는 다음과 같이 나타낼 수 있다.

$$\frac{10+1}{2}$$

그러므로 중앙 자리는 5.5번째다. 중앙 자리는 5번째 자리와 6번째 자리의 가운데 자리라고 볼 수 있다. 이 경우 5번째 자리는 값이 33이고, 6번째 자리는 값이 34이므로 이 값들의 가운데 값인 33.5가 중앙값이 된다.

중앙집중 경향 측정 값 중 중앙값이 평균에 비해 갖는 장점은 극단적인 점수에 영향을 받지 않는다는 점이다. 하나의 점수가 극단적으로 높게 나올 경우 평균은 전체적으로 올라가서 사람들의 전반적인 수행이 높은 것처럼 해석되지만, 중앙값은 이 극단적인 점수에 영향을 받지 않는다. 그러나 중앙값은 평균처럼 정확한 수치를 계산해서 나오는 것이 아니다. 또한 이것은 자료의 숫자가 너무 적은 경우에는 왜곡되기 쉽다. 만약에 5명의 참가자가 8, 10, 19, 38, 40이라는 점수를 보인 경우, 이것의 중앙값은 19다. 이 19는 사람들의 보통 수행을 나타내는 값이 될 수 있을까? 이 경우 중앙값을 활용하는 것은 자료를 왜곡하는 것이 될 수 있다.

■ 최빈치

최빈치는 중앙집중 경향 중에서 가장 쉬운 방법인데, 자료 중에서 가장 많은 빈도만 찾으면 된다. 최빈치를 구하기 위해서는 모든 점

〈표 8-3〉 **점수의 빈도 계산**

과제 완성 시간	빈도
10	1
25	1
27	1
32	1
33	1
34	1
35	3
40	1

수의 빈도(f)를 세고, 그중 가장 높은 빈도를 나타내는 점수가 무엇인지를 찾아야 한다. 최빈치의 예는 〈표 8-3〉 자료를 보면 알 수 있다. 이 경우 최빈치는 35이다. 때로는 경우에 따라 최빈치가 하나 이상일 수도 있는데, 최빈치가 두 개 있는 자료의 분포를 이중최빈치분포라고 한다. 만약 최빈치가 3개 이상이면, 다중최빈치분포라고 부른다.

자료의 기술: 표와 그림

모바일 HCI 연구 자료의 주요 경향과 결과를 기술하는 또 다른 방법으로는 표와 그림이 있다. 원자료를 그대로 사용하여 연구의 결과를 제시하면 독자를 이해시키기 어렵다. 그러나 표와 그림을 활용하면 연구의 자료를 구조화해 주어 독자들로 하여금 연구의 결과를 잘 이해할 수 있도록 도와준다. 표와 그림에서 반드시 기억해야 할 점은 표나 그림이 명확하지 않거나 이해하기 어려우면 쓸모가 없다는 것이다. 여기에서는 자료를 어떻게 분명하고 유용하게 표나 그림으로 나타낼 수 있는지 예를 통하여 살펴보자.

〈표 8-4〉는 앞에서 본 것이다. [그림 8-1]은 두 종류(음성 입력과 키패드 입력)의 휴대전화 서비스에 대한 여러 연령 집단의 태도를 막대 그래프로 나타낸 것이다.

〈표 8-4〉 **모바일 영화 목록 서비스 이용 과제 수행 시간**

참여자	과제 완성 시간
1	35
2	32
3	40
4	10
5	35
6	27
7	25
8	35
9	33
10	34

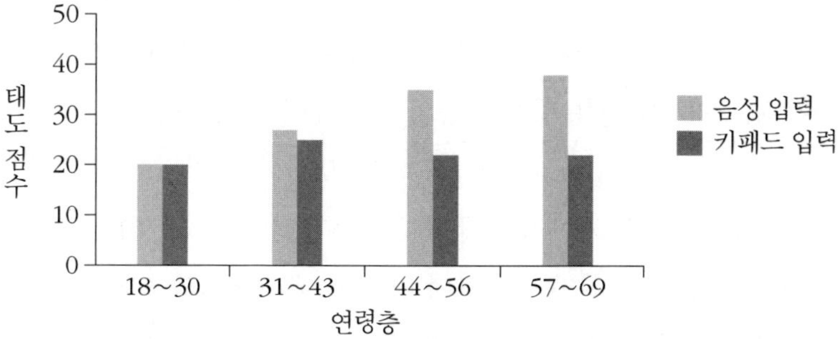

[그림 8-1] 음성 입력 및 키패드 입력의 서비스에 대한 연령별 태도

표나 그림을 사용할 때 다음과 같은 것을 주의해야 한다.

- 표나 그림이 명확하여 정보를 정확하게 묘사할 수 있어야 한다.
- 표나 그림에 명확한 명칭을 붙여야 한다. 막대 그래프일 경우, x축과 y축의 이름을 정확하게 써야 하고, 파이 차트나 히스토그램일 경우에도 그에 맞는 명칭을 정확하게 붙여야 한다.

측정의 유형

모든 통계 책에서는 척도에 대한 정보를 언급하고 있다. 척도는 가장 기본적으로는 수치 척도와 범주 척도(명명척도)로 나뉜다. 이 두 척도가 어떻게 다른지 잘 이해하고 있어야 하는데, 만약 이것을 모른다면 자료에 대한 잘못된 통계 기법을 적용해서 틀린 결론을 도출할 수 있기 때문이다.

수치 측정 이름에서 나타내듯이 수치 척도는 숫자나 점수를 주는 척도다. 이것은 모바일 HCI 연구에서 자료를 수집할 때 아주 많이 쓰이는 방법이다. 연구 참여자가 새로운 모바일 영화 목록 서비스를 사용하여 과제를 수행하는 데 걸린 시간을 측정하는 경우를 생각해 보자. 이 경우 시간은 동일한 단위에 의해 측정되는 수치이므로 등간척도(interval scale)라고 한다. 또한 척도 간의 차이도 중요하다. 어떤 사람은 과제를 수행하는 데 36초가 걸렸고, 어떤 사람은 12초가 걸렸다면, 전자는 후자에 비해 과제 수행에서 3배의 시간이 걸렸다고 할 수 있다. 또한 참여자에게 새 휴대전화 영화 목록 서비스의 주요 요소에 대해 중요도 순으로 순위를 매겨 달라고 요청할 수도 있는데, 이것이 서열척도(ordinal scale)다. 이것은 주어진 준거

(예, 중요도 등)에 따라 순서를 매기는 것이다. 그러나 서열척도는 그 등수 간에 실제로 얼마나 차이가 있는지 양화시킬 수는 없다.

또 다른 수치 척도로는 개발척도(invented scale)가 있다. 이것에 대해서는 3장에서 다루었다. 휴대전화 영화 목록 서비스의 사용성에 대한 참가자의 태도를 조사하기 위하여 리커트 척도로 설문지를 개발하여 사용하였는데 이것이 그 예다.

범주 측정 이것은 명명척도(nominal scale)라고 불리기도 하는데 자료를 범주 단위로 구분하는 것이다. 혼잡한 기차 안에서 옆 사람이 휴대전화를 쓰는 것에 대해 사람들이 어떻게 반응하는지를 알아보기 위하여 관찰 시트를 만들었다고 하자. 아마도 그 관찰 시트에는 '창밖을 내다본다.' '휴대전화 쓰는 사람을 쳐다본다.' 등과 같은 범주가 있을 것이다. 이런 형태의 측정을 범주 측정(명명척도)이라고 부른다. 이러한 항목 자체를 숫자로 표시할 수 있는 방법은 없다.

범주 측정을 위해서는 각 항목에 해당되는 관찰 행동의 빈도수를 합하면 된다. 따라서 범주 측정에서는 개별 측정을 위해 숫자를 쓰지 않지만, 특정 범주의 총 빈도수를 나타낼 때는 숫자로 표현될 수 있다.

모수 통계와 비모수 통계 연구 자료를 읽다가 자료 분석 기법으로 모수 통계 또는 비모수 통계라는 말을 많이 보았을 것이다. 이 장은 모바일 HCI 연구를 위해 통계 기법을 간략히 언급만 하는 것이지만, 모수 통계와 비모수 통계의 차이를 이해할 필요가 있다.

모수 통계는 연구자가 얻은 자료가 정상 분포되어 있다고 가정하

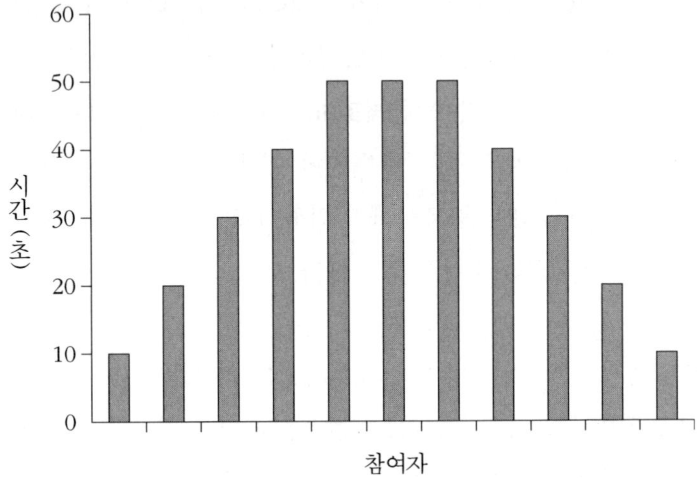

[그림 8-2] 과제 수행 시간에 근거한 정규분포의 예

는 통계 방법이다. 휴대전화의 영화 목록 서비스를 사용할 때 사용자의 수행을 과제 수행 시간으로 측정하는 연구를 하고 있다고 가정해 보자. 자료를 수집한 후, 자료가 어떤 모습으로 분포하는지를 알아보기 위하여 히스토그램으로 나타내었다. [그림 8-2]와 같이 자료가 정규분포를 이룬다고 생각해 보자.

종모양의 분포를 형성하고 있는 이 그림은 연구 표집의 자료가 정상 분포하고 있음을 보여 주고 있다. 따라서 이 경우 연구자는 독립변수와 관련된 유의미한 차이 검증을 위하여 모수 통계를 사용할 수 있다. 예를 들면, 남녀 간의 과제 수행 시간에 차이가 있는지를 알아보는 것 등의 연구가 가능하다. 그러나 어떤 경우에는 자료를 히스토그램으로 전환하였을 때 정확한 종 모양으로 나타나지 않기도 한다. 모수 통계는 자료가 완전한 정상 분포가 아니어도 어느 정도는 그 분포를 조정할 수 있다. 그러나 자료가 완전히 비대칭인 경우(최빈치가 한쪽으로 치우쳐 있는 경우)라면, 신뢰성 있게 모수 통계를 사용할 수 있을지의 여부를 Coolican(2000) 등의 통계 책을 통하여 점검해 보는 것이 좋다. 정규분포에 대한 가정과 더불어 모수 통계는 연구 자료가 등간척도일 것을 가정하고 있다(과제 완성 시간, 과제 수행 중 발생한 오류의 빈도 등).

반면에 비모수 통계는 표집의 특정한 분포를 가정하고 있지 않다. 따라서 연구 자료의 분포가 비대칭이며 정규분포를 이루고 있지 않아 모수 통계를 쓸 수 없을 때 비모수 통계를 사용할 수 있다. 또한 비모수 통계는 자료가 순위에 대한 것(서열척도)이나 빈도(명명척도)에 관한 것으로 이루어져 있을 때도 사용 가능하다. 만약에 새로운 PDA 기기와 기본 기능에 관한 연구를 수행한다고 가정해 보자. 이 연구의 목적은 잠재적 사용자들이 어떤 기능을 가장 필요로 하는지를 알아보는 것이다. 이를 위하여 당신은 실험실에 사용자를 대표하는 다양한 표집 집단을 모아 놓고 그들에게 PDA의 기능 중 중요하다고 생각되는 것의 순서를 매겨 달라고 요청할 수 있다. 그런 다음, 사용자 집단 간의 차이를 보기 위해서 각 집단이 순위를 매긴 자료를 비모수 통계에 의해 비교할 수 있다. 일부 통계학자는(예, Coolican, 2000) 리커트 척도와 같은 개발 척도 역시 진정한 등간척도가 아니므로, 비모수 통계를 사용해야 한다고 주장하고 있다.

모바일 HCI 연구를 수행하기 위해서는 다양한 유형의 척도를 사용하여 자료를 수집해야 한다. 본 장에서는 모수 통계의 예와 비모수 통계의 예를 모두 제시하여 설명할 것이다.

집단 간의 차이 검증

제일 먼저 살펴보고자 하는 것은 집단 간의 차이 검증이다. 이것은 독립변인 간의 점수 차이가 유의미한가를 검증하는 것이다. 먼저 모수 통계 방법으로 종속표본 t-검증과 독립표본 t-검증에 대하여 알아보자. 그다음으로는 비모수 통계 방법으로 Mann-Whitney U-검증과 Wilcoxon 검증에 대하여 살펴본다.

종속표본 t-검증

이것은 주로 반복측정 설계나 대응 설계에서 두 집단의 차이 검증을 위해 사용되는 기법이다. 두 유형(음성 입력 방식과 키패드 입력 방식)의 모바일 영화 목록 서비스에서 사용자의 수행을 비교해 보기 위한 연구를 생각해 보자. 이 경우 참여자들의 수행을 측정하기 위하여 특정 과제(영화 상영 시간 찾기 등)를 수행하는 데 걸린 시간을 측정하였다. 이 경우는 반복측정 설계를 사용하여 참여자들이 두 유형의 휴대전화 서비스를 차례로 사용해 보도록 하였다(반복측정 설계에 대해서는 3장을 참조). 종속표본 t-검증에 대해 더 자세히 알고 싶으면, Tip 1을 참고하라.

TIP 1 종속표본 t-검증

모바일 영화 목록 서비스에서 음성 기반 입력 방식과 키패드 입력 방식에 대한 사람들의 수행을 비교해 보기 위하여 참여자 10명을 대상으로 실험을 실시하였다. 실험 참여자 10명에게 특정 과제를 수행하게 하고, 과제를 수행하는 데 걸린 시간을 측정하였다. 이 실험을 위하여 반복측정 설계 기법을 사용하였으며, 순서의 효과를 없애기 위하여 두 집단으로 구분한 다음에 각 집단별로 과제의 수행 순서를 바꾸어 제시하였다(순서 효과에 대한 문제는 3장을 참조할 것).
자료를 수집한 후에는 〈표 8-5〉와 같이 스프레드시트에 입력하였다.

〈표 8-5〉 **두 유형의 입력 방식을 사용한 실험 참여자들의 과제 수행 시간**

참여자 번호	과제 완성 시간 (음성 기반)	과제 완성 시간 (키패드 방식)
1	5.6	4.3
2	6.7	5.6
3	4.8	6.6
4	3.7	6.1
5	6.8	4.3
6	7.0	5.1
7	5.5	5.2
8	6.7	4.3
9	6.7	4.9
10	5.9	4.8

t-검증을 위한 공식은 다음과 같다.

$$t = \frac{\Sigma d}{\sqrt{\left(\frac{N\Sigma d^2 - [\Sigma d]^2}{N-1}\right)}}$$

공식이 좀 어려워 보이지만, 각 요소가 무엇을 의미하는지 하나하나 수학적 의미를 살펴보도록 하자.

① 제일 먼저, 음성 기반 방식과 키패드 방식의 점수 차를 계산하고 이를 합한다. $-\Sigma d$

② 그런 다음, 이를 제곱한다. $-(\Sigma d)^2$

③ 그 후, 먼저 두 집단의 점수 차이를 제곱하고, 그것을 모두 합한다. $-\Sigma d^2$

④ ②번과 ③번을 혼동하지 말아야 한다.

⑤ 마지막으로 점수 쌍의 수를 계산한다. $-N$

일단 이렇게 준비가 되면, 그다음에는 실제 숫자를 공식에 대입한다. 이렇게 하면, t-검증을 할 준비가 다 된 것이다. 이 단계에서는 계산기를 사용해도 좋다.

⑥ 공식에 숫자를 대입하면 다음과 같다.

$$t = \frac{8.2}{\sqrt{\left(\frac{(10\times32.06)-67.24}{10-1}\right)}}$$

⑦ 이제 계산을 한다. 그러면 그 결과 t=1.55가 나온다.

⑧ 그런 후 자유도를 구한다. 자유도는 다음과 같이 구한다.

df=N−1. 이 경우는 10−1이므로, 자유도는 9이다.

⑨ 이제는 부록 A의 〈표 A1〉을 보고, t-검증의 결과가 통계적으로 유의미한지 여부를 판단한다. 이 사례에서는 어느 방식이 더 나을 것이라고 예상하지 않았으므로, 양측 검증을 위한 임계치를 확인해야 한다. 그렇지만 어떤 특정 방식이 다른 방식보다 주어진 과제를 수행하는 데 효과적이라는 가설을 세웠었다면, 단측 검증 점수를 활용해야 한다.

⑩ 유의도를 검증하려면 자유도가 9인 열을 확인한다. 만약에 계산한 t 값이 열에 있는 값보다 크다면, 5% 수준($p<0.05$)에서 두 유형의 입력 방식을 사용한 집단 간의 차이가 통계적으로 유의미하다고 볼 수 있다. 만약 t 값이 임계치보다 작다면, 두 집단 간의 차이는 통계적으로 유의미하지 않음을 의미한다. 〈표 A1〉에서 보다시피, 이 사

례의 경우 t 값은 1.55로 임계치보다 작은 수치이므로 두 집단 간의 통계적으로 유의미한 차이는 없다고 볼 수 있다.

⑪ 일반적으로 이런 결과를 제시할 때는 t=1.55, df=9, 양측 검증, ns(통계적으로 유의미하지 않음)라고 보고한다.

독립표본 t-검증

인터넷이 가능한 PDA를 통해 정보 서비스를 이용할 때 성별에 따른 차이에 관한 연구를 수행한다고 가정해 보자. 이 연구를 수행하기 위하여 남녀 실험 참여자를 모으고, 기차 시간 정보를 찾는 데 그 기기를 사용하도록 하였다. 이 과정에서 성별에 따른 차이를 보기 위하여 각 집단에 기차 서비스 정보를 찾게 하고, 과제 수행에 걸린 시간을 측정하였다. 일단 자료가 수집되면, 집단 간(성별에 따른) 과제 수행에 소요된 차이가 통계적으로 유의미한지 아닌지를 알고 싶을 것이다. 이 경우 독립표본 t-검증이 사용될 수 있다.

이 검증은 두 집단의 자료를 비교하여 그 차이를 검증할 때 자주 쓰이는 기법이다. 이 경우 자료는 서로 다른 두 집단의 참여자(남성 집단과 여성 집단)로부터 수집되었다. 보다 자세히 알아보기 위해서는 Tip 2를 참고하라.

TIP 2 독립표본 t-검증 계산하기

PDA로 기차 출발 시간을 알아보는 과제를 20명의 남녀 집단에 제시하고, 과제 수행 시간을 비교하는 연구를 한다고 생각해 보자. 이 연구의 원점수는 〈표 8-6〉과 같다.

〈표 8-6〉 **성별에 따른 과제 수행 시간** (단위: 초)

집단 A: 여성의 과제 완성 시간	집단 B: 남성의 과제 완성 시간
176	190
256	245
278	260
187	185
260	245
234	189
190	230
184	187
293	190
193	180

독립표본 t-검증의 공식은 다음과 같다.

$$t=\frac{\bar{x}_A-\bar{x}_B}{\sqrt{\left[\frac{\left(\Sigma x_A^2-\frac{(\Sigma x_A)^2}{N_A}\right)+\left(\Sigma x_B^2-\frac{(\Sigma x_B)^2}{N_B}\right)}{(N_A+N_B-2)}\right]\left[\frac{N_A+N_B}{(N_A)(N_B)}\right]}}$$

공식이 좀 어려워 보이지만, 각 요소가 무엇을 의미하는지 하나하나 수학적 의미를 살펴보도록 하자.

공식에 대한 수학적 표현을 설명하면 다음과 같다.

① 제일 먼저 해야 하는 것은 A 집단의 인원수를 세는 것이다. $-N_A$

② 다음엔 B 집단의 인원수를 센다. $-N_B$

③ A 집단의 점수를 모두 합한다. $-\Sigma x_A$

④ B 집단의 점수를 모두 합한다. $-\Sigma x_B$

⑤ A 집단의 점수를 제곱하여 모두 더한다. $-\Sigma x_A^2$

⑥ B 집단의 점수를 제곱하여 모두 더한다. $-\Sigma x_B^2$

⑦ A 집단의 평균을 구한다. $-\bar{x}_A$

⑧ B 집단의 평균을 구한다. $-\bar{x}_B$

⑨ 우리의 예에 따르면, 이 공식은 다음과 같이 나타난다.

$$t=\frac{225.1-210.1}{\sqrt{\left[\frac{\left(524{,}175-\frac{(2251)^2}{10}\right)+\left(450{,}065-\frac{(2101)^2}{10}\right)}{(10+10-2)}\right]\left[\frac{10+10}{(10)(10)}\right]}}$$

⑩ 그런 다음에 t 값을 구한다. 여기에서 t 값은 0.89이다.

⑪ 다음엔 자유도를 구한다. 자유도의 계산은 다음과 같다.

$df=N_A+N_B-2$, 따라서 우리의 예에서는 20−2이므로, df=18이다.

⑫ 이번에는 연구의 결과가 통계적으로 유의미한지를 확인할 차례다. 이를 위해서 부록 A의 〈표 A1〉을 보아라. 이 경우에 어떤 집단이 다른 집단에 비해 더 나은 수행을 보일 것이라고 예측하지 않았으므로, 양측 검증의 t 임계치를 사용한다. 만약 여성 집단이 남성 집단에 비해서 과제 수행이 더 빨랐을 것이라고 예측하였다면, 단측 검증을 사용해야 한다.

⑬ 일단 해당 표의 열을 보고 df가 18인 경우를 찾는다. t 값이 해당 열에 있는 값보다 크면, 5% 수준에서($p<0.05$) 여성과 남성의 과제 수행 시간은 통계적으로 유의미하게 차이가 있는 것이다. 만약 t 값이 그보다 작으면, 두 집단 간의 과제 수행에서 나타난 차이는 통계적으로 유의미하지 않은 것이다. 마지막으로, 이 결과를 보고할 때는 이렇게 쓴다.

t=0.89, df=18, 양측 검증, ns(통계적으로 유의미하지 않음).

정식으로는 이렇게 풀어서 표현할 수 있다. PDA를 사용하여 여성이 기차 출발 시간 정보를 찾는 데 걸린 시간의 평균(M=225.1초)은 남자의 평균(M=210.1초)보다 통계적으로 유의미하게 빠르지 않다.

Wilcoxon의 부호 서열 검증

이 검증 방법은 한 표집이 두 조건에 모두 노출될 때 (두 집단의 대응표본 설계일 때) 사용한다. 이 검증 방법의 목적은 참여자들이 각기 다른 두 조건에서 수행의 차이를 보이는지를 알아내기 위한 것이다. 즉, 각 조건에서의 수행 점수 차이를 알아보기 위한 것이다. 이 검증 방법은 비모수 통계 기법으로써 모수 통계의 종속표본 t-검증과 같은 것이다. 여기에서는 사람들이 PDA를 사용하여 웹 검색을 할 때 두 종류의 입력 방식에 대한 태도의 차이가 있는지를 확인하는 사례다. 첫 번째 방법은 스타일러스 펜을 사용하는 입력 방법이고, 두 번째 방법은 키패드를 사용하는 입력 방법이다. 두 방법을 사용해 본 후, 사용자들에게 리커트 척도로 된 설문지를 주고 각 방법의 사용성에 대한 의견을 물어보았다. 여기에서 얻은 자료를 어떻게 통계적으로 계산하는지를 Tip 3에서 자세히 살펴보도록 한다.

TIP 3 Wilcoxon의 부호 서열 검증 계산하기

이 연구의 자료는 실험 참여자들에게 리커트 척도로 사용성 검사를 해서 얻은 것이다. 이 검사지는 7점 리커트 척도로 구성되었다. 점수가 높을수록 사용된 입력 방식에 보다 더 호의적임을 의미한다. 〈표 8-7〉은 이 연구의 원자료를 나타낸 표다.

〈표 8-7〉 **스타일러스 펜 입력과 키패드 입력에 대한 참여자의 태도 점수**

참여자	스타일러스 입력 방식에 대한 태도 점수	키패드 방식에 대한 태도 점수
1	25	38
2	24	39
3	32	37

4	29	36
5	38	34
6	31	30
7	27	31
8	39	40
9	21	35
10	22	33

① 이 공식을 사용하기 위해서 제일 먼저 할 일은 두 짝이 되는 점수의 차이를 + 또는 − 기호를 사용하여 나타내는 것이다.

② 그런 다음 두 점수 차이가 작은 것부터 큰 것 순으로 서열을 매긴다(이때, 그 차이가 음수인지, 양수인지는 무시한다).

③ 그 후 양(+)의 차이가 나는 것만 서열을 매긴다.

④ 또 음(−)의 차이가 나는 것만 서열을 매긴다.

⑤ 그런 다음 음 서열의 숫자와 양 서열의 숫자를 각각 더한다.

⑥ 이것은 W(Wilcoxon 검증)라 불리는 통계값을 제공한다. 그리고 이것을 사용해서 표를 보고, 통계적 유의미성을 판단한다. 앞의 예의 경우는 동점인 점수의 짝이 없어 그냥 N=10이다. 만약 동점인 점수의 짝이 있으면, 전체 수에서 동점인 점수의 짝의 수를 뺀 것이 N이 된다.

〈표 8-8〉 **Wilcoxon의 부호 서열 검증을 위한 자료표**

참여자	스타일러스	키패드	차이(d)	d의 순위	+의 순위	-의 순위
1	25	38	−13	8(−)		6
2	24	39	−15	10(−)		8
3	32	37	−5	5(−)		3
4	29	36	−7	6(−)		4
5	38	34	4	3.5(+)	2	
6	31	30	1	1.5(+)	1	

7	27	31	−4	3.5(−)		2
8	39	40	−1	1.5(−)		1
9	21	35	−14	9(−)		7
10	22	33	−11	7(−)		5
총계					3	39

⑦ 그런 다음 부록에 있는 〈표 A2〉를 보고 계산한 값이 통계적으로 유의미한지 찾아봐야 한다. 이 경우 PDA에서 사람들이 어떠한 쪽을 더 선호할 것이라고는 예상하지 않았으므로, 양측 검증을 사용한다.

⑧ W 값이 통계적 유의미성을 확인하기 위해서는 표에 나온 값보다 작든지, 같아야 한다. 〈표 A2〉에 의하면 이 연구의 결과는 유의미하다 ($p < 0.02$).

⑨ 그렇다면 이것을 어떻게 해석할 수 있을까? 사람들은 스타일러스형 입력 기능을 가진 휴대전화 방식보다 키패드 입력 방식을 더 선호하고 있다고 제시할 수 있다.

⑩ PDA에서 키패드 입력 방식을 사용한 참여자들이 스타일러스 방식의 입력을 사용한 참여자들보다 통계적으로 유의미하게 보다 긍정적인 태도를 보였다($W=3$, $p < 0.02$).

Mann-Whitney의 U-검증

이 기법은 각각 다른 두 조건을 서로 다른 두 집단에 적용하는 독립표본 설계일 때 활용할 수 있다. 이것은 비모수 통계 기법으로써 모수 통계의 독립표본 t-검증과 같은 것이다. 여기에서는 Wilcoxon의 부호 서열 검증에서 사용한 예를 사용하기로 한다. 그러나 이번에는 서로 다른 두 집단으로부터 자료를 수집한 것으로 가정한다. 첫 번째 집단은 스타일러스 펜 입력 방식을 사용했고, 두 번째 집단은 키패드 입력 방식을 사용했다. 각 집단의 참여자들에게 리커트 척도로 된 설문지를 주고 사용한 방법의 사용성에 대한 의견을 물어보았다. 여기에서 얻은 자료를 어떻게 통계적으로 계산하는지를 Tip 4에서 자세히 살펴보도록 한다.

TIP 4 Mann-Whitney의 U-검증 계산하기

여기에서 얻은 자료는 각 참여자가 대답한 사용성 검사 척도의 합이다. 이 척도는 7점 척도로 구성되어 있으며, 점수가 높을수록 사용한 입력 방식에 더 긍정적인 태도를 가지고 있다고 볼 수 있다. 〈표 8-9〉는 각 집단의 태도 점수다.

〈표 8-9〉 **각 집단 참여자의 태도 점수**

스타일러스 펜 입력	키패드 입력
24	38
24	39
32	37
29	36
38	34
31	30
27	32
31	40
21	35
31	33

① Mann-Whitney의 U-검증 공식은 다음과 같다.

$$U = N_1N_2 + \frac{N_x(N_x+1)}{2} - T_x$$

② 이 공식에서 사용된 각 표현식은 다음과 같다.

N_1 = 집단 1의 전체 참여자 수

N_2 = 집단 2의 전체 참여지 수

N_x = 가장 큰 등위 수를 갖고 있는 집단의 총 참여자 수

T_x = 가장 큰 등위 수의 점수

③ 이 수식에 입력하기 위한 자료를 얻기 위하여 원자료 값을 대상으로 계산을 해야 한다. 점수에 등위를 매기게 되면, 양 집단에 일련의 등위를 부여할 수 있다. 이와 같이 등위를 부여하게 되면 〈표 8-10〉처럼 보일 것이다.

〈표 8-10〉 **Mann-Whitney의 U-검증을 위한 계산 결과**

스타일러스 펜 입력에 대한 태도 점수(집단 1)	등위(1)	키패드 입력에 대한 태도 점수(집단2)	등위(2)
24	2.5	38	17.5
24	2.5	39	19
32	10.5	37	16
29	5	36	15
38	17.5	34	13
31	8	30	6
27	4	32	10.5
31	8	40	20
21	1	35	14
31	8	33	12
총합=288	67	총합=353	143

④ 공식은 다음과 같이 표현될 수 있다.

$$U = 10 \times 10 + \frac{10 \times 11}{2} - 143$$

⑤ 이 공식의 값을 계산하면 U=12이다.
⑥ 다음 단계는 부록 A의 〈표 A3〉을 살펴보고 이 자료에서 획득한 자료가 통계적으로 유의미한지를 판단하는 것이다. 어떤 버전의 PDA가 더 선호될 것인지에 대해서 예측을 하지 않았기 때문에 이 경우에는 양측 검증에서 유의 수준을 판단해야 한다.
⑦ U 값에 대한 유의성을 평가할 때, 만약 통계량이 유의 수준과 동일하거나 작을 때 유의미한 것으로 분류된다는 것을 기억할 필요가 있다. 〈표 A3〉에서 보는 바와 같이 이 사례는 유의미한 것으로 나타났다.
⑧ 따라서 이 결과를 보고할 때에는 다음과 같은 방식으로 진술하면 된다. 실험 참여자들은 스타일러스 펜 입력 방식으로 되어 있는 PDA 응용 프로그램보다 키패드 입력 방식에 대하여 더 긍정적인 태도를 형성하고 있었다($U=12$, $p<0.05$).

상관계수

상관계수는 두 집단의 숫자들 사이에서 어떤 관련성을 찾고자 하는 것이다. 이 말을 이해하려면 다음의 진술문을 살펴보자.

- 날씨가 따뜻해질수록 자외선 차단제의 판매가 늘어난다.
- 휴대전화 서비스의 사용 경험이 늘어날수록 점점 더 빨리 사용할 수 있게 된다.

첫 번째 진술문은 정적 상관의 대표적인 예다. 한 변인이 증가할 수록 다른 변인도 역시 증가하는 것이다. 즉, 날씨가 더 따뜻해질수록 자외선 차단제의 판매도 증가한다는 것이다. 두 번째 진술문은 부적 상관을 보여 주는 것으로, 한 변인이 증가하면 다른 변인은 줄어드는 것이다. 두 번째 사례에서 당신이 특정 휴대전화 서비스(자동 영화 목록 서비스)를 사용할수록 자신이 원하는 특정 정보를 찾기 위해서 걸리는 시간은 줄어들게 된다. 그렇다면 다음의 진술문은 어떠한가. 심리학 강좌에서 A 학점을 받은 수강생들은 골프도 잘 한다. 이것은 두 변인 사이에 상관관계가 없는 것처럼 보이는 사례라고 할 수 있다(심리학에 대한 적성과 골프 기술 사이에는 관련성이 없다).

두 변인 사이의 값들을 맞대응시킬 수만 있다면 두 변인 사이의 관련성에 대한 강도를 계산할 수 있다. 상관의 통계치는 −1에서 +1의 범위 내에 존재하게 된다. −1에서 0까지의 값을 갖는 상관은 부적 관련성을 의미한다(휴대전화 서비스의 사용 경험이 늘어날수록 점점 더 빨리 사용할 수 있게 된다). 또한 상관의 통계치가 0에서 +1 사이인 경우에는 두 집단의 수가 정적 상관을 갖는 것이다(날씨가 따뜻해질수록 자외선 차단제의 판매가 늘어난다). 우리가 여기에서 살펴볼 두 가지 상관계수는 모수 통계를 위한 Pearson 적률상관계수와 비모수 통계를 위한 Spearman의 등위상관계수다.

Pearson의 적률상관계수

모수 통계를 설명하기 위해 앞에서 사용하였던 예를 떠올려 보자. '음성 기반 휴대전화로 기차 시간 정보 서비스를 이용할 때, 과제 수행과 연령에는 관계가 있는가?'와 같은 예가 관계를 측정할 때 다루는 대표적인 연구다. 이것의 계산법을 Tip 5에서 보다 자세히 살펴보자.

TIP 5 Pearson의 적률상관계수 계산하기

새로운 음성 기반 휴대전화의 기차 시간 정보 서비스를 사용할 때의 수행을 알아보기 위하여 18~65세에 이르는 연구 참여자 10명에게 구체적인 과제(Glasgow로 가는 마지막 기차 시간 찾기)를 수행하라고 하였다. 수행 측정은 참여자가 과제를 수행하면서 보인 오류의 수를 가지고 하였다. 원자료는 〈표 8-11〉처럼 나타낼 수 있다.

〈표 8-11〉 **참여자의 나이와 오류 점수**

참여자	나이	오류의 빈도
1	18	7
2	20	6
3	21	6
4	35	8
5	39	5
6	45	3
7	65	2
8	60	2
9	56	1
10	52	3

(오류의 수가 적을수록 높은 수행 점수를 부여하였음)

① 음성 기반 기차 시간 정보 서비스 사용에서 나이와 오류 간에 관계가 있는지를 알아보기 위한 공식은 다음과 같다. 복잡해 보이지만 t-검증에서 했던 방법과 비슷하다.

$$r=\frac{N\Sigma(XY)-\Sigma X\Sigma Y}{\sqrt{\left[N\Sigma X^2-(\Sigma X)^2\right]\left[N\Sigma Y^2-(\Sigma Y)^2\right]}}$$

② 제일 먼저 할 것은 공식에 필요한 행과 열을 정하는 것이다. 이 경우

X는 참여자의 나이를 나타내며, Y는 참여자가 범한 오류의 수를 나타낸다. 초기의 표는 〈표 8-12〉와 같이 정리할 수 있다.

〈표 8-12〉 **Pearson의 상관계수 계산을 위한 자료표**

XY	X^2	Y^2
126	324	49
120	400	36
126	441	36
280	1225	64
195	1521	25
135	2025	9
130	4225	4
120	3600	4
56	3136	1
156	2704	9

③ 이렇게 정리한 다음 이것을 공식의 다른 부분을 계산하는 데 활용한다.

$$\Sigma x = 411$$

$$\Sigma y = 43$$

$$\Sigma xy = 1444$$

$$\Sigma x^2 = 19601$$

$$\Sigma y^2 = 237$$

④ 공식에 대입하면 다음과 같다.

$$r = \frac{14440 - 17673}{\sqrt{[196010 - 168921][2370 - 1849]}}$$

⑤ 이 공식을 계산하면, Pearson의 상관계수 r=−0.86이다. 이것은 새로운 음성 기반 휴대전화의 기차 시간 정보 서비스를 사용할 때, 사용자의 나이와 오류 빈도 간에는 매우 높은 음의 상관관계가 있음을

의미한다.

⑥ 그다음은 부록에 나와 있는 〈표 A4〉를 보고, 이 결과가 통계적으로 유의미한지를 판단해야 한다. $p<0.05$ 수준일 때 r의 임계치는 0.56이다. 우리가 구한 r의 값은 임계치보다 크다. 뿐만 아니라, $p<0.01$ 수준일 때의 임계치보다도 크다. 그러므로 새로운 음성 기반 휴대전화의 기차 시간 정보 서비스를 사용할 때, 사용자의 나이와 오류 빈도 간에는 유의미한 부적 상관이 있다고 말할 수 있다.

⑦ 보고서에 이 연구의 결과를 보고할 때는 다음과 같은 방식으로 한다. 새로운 음성 기반 휴대전화의 기차 시간 정보 서비스를 사용할 때 통계적으로 유의미한 상관이 사용자의 나이와 오류 빈도에서 나타났다($r=-0.86$, $p<0.01$). 그렇다면 이를 어떻게 해석하는가? 〈표 8-11〉에 나와 있는 원자료를 다시 한번 보면, 나이가 많아질수록 음성 기반 휴대전화의 기차 시간 정보 서비스를 사용할 때 보인 오류 빈도는 낮아짐을 알 수 있다. 그래서 이것은 부적 상관관계에 있음을 알 수 있다.

Spearman의 등위상관계수

앞에서 새로운 음성 기반 휴대전화로 기차 시간 정보 서비스를 사용할 때 사용자의 나이와 수행에 대한 관계를 구하는 방법에 대하여 알아보았다. 이번에는 대응표본 설계에서 비모수 통계를 적용한 상관계수 산출 방법에 대하여 알아보도록 한다. Tip 6에서 구체적으로 어떻게 계산하는지 자세히 소개하고 있다. 한 가지 주의할 사항은 Spearman의 상관계수는 등위 점수가 많지 않거나 거의 없을 때 사용할 수 있다는 점이다. 동점이 많은 경우에는 Spearman의 상관계수를 사용할 수 없다.

상관계수를 해석할 때 주의해야 하는 점은 상관관계는 인과관계를 나타내는 것은 아니라는 점이다. 상관이 있다고 해서 변인 간의 인과관계를 가정하면 안 된다. 예를 들면, 공공장소에서 휴대전화를 쓰는 것에 대한 태도와 사용자의 나이가 상관이 있음을 발견했다고 하더라도, 이것은 노인이 나이가 많아서 공공장소에서 휴대전화 쓰기를 삼가는 것이 아니라 휴대전화 사용의 필요성을 느끼지 못하기 때문에 그럴 수도 있다는 것이다.

TIP 6 Spearman의 등위상관계수 계산하기

18~65세에 이르는 연구 참여자 10명에게 공공장소에서 휴대전화를 사용하는 것에 대한 그들의 태도를 알아보기 위하여 리커트 설문지를 돌렸다. 이들이 얻을 수 있는 점수의 최저점은 0점이고, 최고점은 40점이다. 40점은 매우 긍정적인 태도임을 의미하고, 0점은 매우 부정적임을 의미한다. 원자료는 〈표 8-13〉에 나와 있다.

〈표 8-13〉 **Spearman의 등위상관계수의 자료표**

참여자	나이	태도 점수
1	18	7
2	20	6
3	21	6
4	35	8
5	39	5
6	45	3
7	65	2
8	60	2
9	60	1
10	52	3

① 휴대전화를 공공장소에서 사용하는 것에 대한 태도와 사용자의 나이 간의 관계를 구하는 공식은 다음과 같다. 약간 복잡해 보이기는 해도, 이전의 다른 방법과 크게 차이가 나지 않는다.

$$r_s = 1 - \frac{6\Sigma d^2}{N(N^2-1)}$$

② 제일 먼저 할 일은 열을 만들어 공식의 각 부분을 계산하는 것이다. 이 경우에 참여자의 나이는 A로 표현되고, 태도 점수는 B로 표현된다. A에 있는 10명의 나이를 적은 것부터 높은 것으로 순위를 매기고, B도 같은 방식으로 순위를 매긴다. 이것이 첫 번째로 할 일이다. 이렇게 해서 나온 초기 자료표가 〈표 8-14〉다.

〈표 8-14〉 **Spearman의 등위상관계수를 계산하는 자료표**

나이	순위 A	태도 점수	순위 B	d	d^2
18	1	7	9	−8	64
20	2	6	7.5	−5.5	30.25
21	3	6	7.5	−4.5	20.25
35	4.5	8	10	−5.5	30.25
35	4.5	5	6	−1.5	2.25
45	6	3	4.5	1.5	2.25
65	10	2	2.5	7.5	56.25
60	8.5	2	2.5	6	36
60	8.5	1	1	7.5	56.25
52	7	3	4.5	2.5	6.25

③ 이 표가 완성된 후에는 공식의 각 부분을 계산하면 된다.

④ 그런 다음 공식에 대입하면 다음과 같다.

$$r_s = 1 - \frac{6 \times 304}{10(100-1)}$$

⑤ 계산하면, Spearman의 등위상관계수는 −0.84이다. 이것은 공공장

소에서 휴대전화를 쓰는 것에 대한 태도와 사용자의 나이 간에는 유의미한 상관이 있음을 의미한다.

⑥ 다음 단계는 이것이 통계적으로 유의미한지 아닌지를 알아보는 것이다. 부록 A에 나와 있는 〈표 A5〉를 사용하여 확인해 볼 수 있다. 표에 의하면, $p < 0.05$일 때, r_s의 임계치는 0.564이다. 우리의 사례에서 관측 값은 임계치보다 큰 0.84이므로 이 결과는 통계적으로 유의미하다고 판단할 수 있다.

⑦ 이것을 연구 보고서에 보고하는 방법은 다음과 같다.
연구의 결과, 공공장소에서 휴대전화를 사용하는 것에 대한 태도와 나이 간에는 통계적으로 유의미한 관계가 있음을 알 수 있다 ($r_s = -0.84$, $p < 0.01$).

범주형 자료의 분석

이 유형의 자료 분석은 과제 수행 시간과 같은 수량화된 측정 자료를 사용하지 않는다. 대신에 빈도를 측정하게 되는 명명척도와 같이 범주형 자료를 사용하는 것이다. 이 유형의 분석은 연구자에 의해 관찰된 자료에 대한 빈도를 분석하는 것이다. 이렇게 얻은 자료의 통계적 유의미성을 검사하는 것을 카이 제곱 검증(χ^2이라고 씀)이라고 한다.

또한 참여자로부터 개방형 질문을 통해 질적 자료를 수집하기도 하는데, 이러한 질적 자료도 자료를 수량화하기 위하여 범주로 분류해야 한다. 이러한 접근이 바로 내용 분석인데, 이 절의 두 번째 부분에서는 이를 설명할 것이다.

카이 제곱 검증

카이 제곱 검증은 빈도수로 된 형태의 자료를 수집했을 때 실시할 수 있다. 그리고 이것은 전통적으로 독립된 설계에서 가능하다. 상세한 내용은 Tip 7을 참고하기 바란다.

TIP 7 카이 제곱 검증 계산하기

이 예에서 소개할 자료는 번잡한 카페에서 이틀 동안 연구자가 관찰한 것이다. 연구자는 사람들이 동료들과 같이 있을 때 휴대전화를 받는지 받지 않는지에 관심이 있다. 그래서 연구자는 3장에서 소개한 것과 같은 코딩 양식지를 만들어 사람들을 관찰하기 시작했다. 관찰이 끝난 후 연구자의 자료는 〈표 8-15〉와 같이 정리되었다.

〈표 8-15〉 **관찰한 자료의 빈도**

	여 성	남 성	총 계
대화를 함	40(a)	89(b)	129
대화를 하지 않음	91(c)	37(d)	128
총계	131	126	257

① 제일 먼저 각 칸에 관찰 빈도를 표시한다.

② 그런 다음 각 칸의 기대 빈도를 구한다. 공식은 다음과 같다.

$$E = \frac{RC}{T}$$

E = 특정 칸(a, b, c, d)의 기대 빈도

R = 행의 총계

C = 열의 총계

T = 모든 칸의 총계

그러므로 이 예의 네 칸의 기대 빈도는 다음과 같다.

$$E_a = \frac{129 \times 131}{257} = 65.8$$

$$E_b = \frac{129 \times 126}{257} = 63.2$$

$$E_c = \frac{128 \times 131}{257} = 65.2$$

$$E_d = \frac{128 \times 126}{257} = 62.8$$

다음 단계는 다음의 공식을 써서 χ^2의 값을 구하는 단계다.

$$\chi^2 = \Sigma \frac{(O-E)^2}{E}$$

③ 다음의 공식에 해당하는 부분의 값을 산출해야 한다.

$$\frac{(O-E)^2}{E}$$

계산을 좀 더 쉽게 하기 위해서는 〈표 8-16〉과 같은 것을 만드는 것이 좋다.

〈표 8-16〉 **카이 제곱 계산을 위한 자료표**

칸 이름	관찰 빈도(O)	예측 빈도(E)	(O−E)	$(O-E)^2$	$(O-E)^2/E$
A	40	65.8	−25.8	665.64	10.1
B	89	63.2	25.8	665.64	10.5
C	91	65.2	25.8	665.64	10.2
D	37	62.8	−25.8	665.64	10.5

④ 이 표를 활용하여 계산한 결과는 다음과 같다.

$$\chi^2=10.1+10.5+10.2+10.5=41.3$$

⑤ 그런 다음, 공식을 이용하여 자유도(df)를 구한다.
df=(R−1)(C−1).
R은 행을 나타내고, C는 열을 나타낸다. 따라서 이 경우에 자유도는 1이다(df=1×1=1).

⑥ 다음은 부록 A의 〈표 A6〉을 이용해서 χ^2의 값이 유의미한지를 판단한다.

⑦ 결과에 따르면, χ^2값은 유의미하다($p<0.05$). 이것을 어떻게 해석할 수 있을까? 원래 자료를 보자. 남성의 70%가 사람들과 함께 있을 때 휴대전화 벨이 울리면 전화를 받는 반면, 여성은 단지 30%만 다른 사람과 함께 있을 때 전화를 받았다. 이 관찰 값은 통계적으로 유의미했으므로, 다른 사람과 함께 있을 때 휴대전화를 사용하는 부분에 있어서는 여성이 남성보다 함께 있는 사람을 배려하여 전화를 받지 않는다는 사실을 알 수 있다.

내용 분석

내용 분석은 서술형 자료를 분석하고, 문자를 항목이나 빈도로 바꾸어 주제 및 항목으로 축약하기 위한 기법이다. 따라서 내용 분석은 질적 자료를 양화된 형태로 나타내는 것이라고 볼 수 있다. 이 기법을 성공적으로 수행하기 위해서는 가장 먼저 충분한 분석 자료가 있어야 한다. 보다 명확하게 설명하기 위하여 Tip 8을 보자.

TIP 8 내용 분석 실시하기

인터넷이 가능한 PDA 서비스에 대하여 10명의 사용자를 대상으로 수행을 비교하는 연구를 실시하였다. PDA 서비스를 이용할 때 사용자들은 스타일러스 펜을 사용했다. 서비스를 사용한 이후에 실시된 면담에서 연구자는 두 가지 질문을 사용자들에게 하였다.

① 사용해 본 서비스의 좋은 점은 무엇인가?
② 사용해 본 서비스의 나쁜 점은 무엇인가?

모든 사용자가 두 질문에 모두 답을 하지는 않았지만 이들의 답변을 종합적으로 요약해서 〈표 8-17〉에 제시하였다.

〈표 8-17〉 **사용자들과의 면담 결과**

사용자	나쁜 점	좋은 점
1	스타일러스 펜을 쓰기가 진짜 어려웠다.	일단 익숙해지면, 번잡한 곳에서 사용하기 좋을 것 같다.
2	세 번째 과제 후에도 여전히 스타일러스 펜을 쓰기가 쉽지 않았다.	스타일러스 펜과 키패드 중 원하는 것을 선택하여 사용할 수 있다.
3	도움말을 찾기 어려웠고, 어떻게 해야 할지 몰라서 당황했다.	번잡한 곳에서 사용하기 쉬울 것이다.
4	실수를 한 다음에 수정할 수가 없었다.	이 장비를 가지고 다양한 서비스에 접속할 수 있어서 좋았다.
5	너무 느리다.	강의실 등에서 사용하면 무척 유용할 것 같고, 휴대전화를 사용하는 것보다 더 적합할 것 같다.
6	메뉴를 선택한 후 다음 화면으로 이동하는 데 너무 오래 기다려야 했다.	이 기기에 쓰기 기능이 탑재되어 있어서 좋다.

7	이전에 이런 것을 전혀 사용해 보지 못했다.	서비스가 매우 빠르다.
8	스타일러스 펜을 처음 사용해 봐서 사용하기 어려웠다.	연습할수록 더 쉽게 사용할 수 있을 것이라고 생각한다.

① 이러한 자료가 수집되면, 개별적인 서술형 답변에서 어떤 특정 주제나 유사한 패턴이 있는지를 조심스럽게 살펴보아야 한다. 자료를 검토할 때는 연구 주제와 관련된 것인지를 고려해야 한다. 예를 들면, 이 기기의 사용성에 관한 이슈가 있는가 등과 같은 것이다. 원자료에서 주제를 범주화하기 위해서 4장에서 언급한 Molich와 Nielson (1990)의 발견적 방법을 적용한다면 도움이 될 것이다.

② 자료를 여러 번 검토하면 전체적인 내용을 몇 가지의 주제로 축약할 수 있게 된다. 앞의 예에서는 다음과 같은 것을 주제로 추릴 수 있다.

- 참여자들은 스타일러스 펜 사용에서 어려움을 느낀다.
- 참여자들은 PDA를 사용할 때, 수정이 어렵다고 느낀다.
- 참여자들은 PDA가 특정 장소에서는 유용하다고 생각한다.
- 참여자들은 그 서비스의 반응 속도가 느리다고 생각한다.
- 유사한 기기 사용의 사전 경험은 수행에 영향을 미친다고 생각한다.

③ 이러한 내용을 고려하여 다음과 같은 주제어를 선정할 수 있다.

- 사용의 용이성
- 오류 수정
- 사용의 맥락
- 서비스의 속도
- 사전 경험

④ 연구자가 정리한 것에 대한 신뢰도와 타당도를 확보하기 위하여 또 다른 연구자가 동일한 원자료를 보고 분석을 다시하도록 한다.

Miles와 Huberman(1994)에 따르면, 이렇게 수차례 두 연구자가 뽑은 주제의 일치도를 %로 나타내고, 이것을 신뢰도로 본다고 한다. Miles와 Huberman(1994)은 이 일치도가 70% 이상일 경우에 이 항목들을 연구자의 목적에 맞게 사용할 수 있다고 보고 있다.

요 약

이 장의 목적은 HCI 연구에서 수집한 자료를 분석하는 데 활용할 수 있는 통계 기법을 소개하는 데 있다. 통계 분석은 3장에서 설명한 자료 수집 방법에 따라서 달라질 수 있다. 이 장의 처음에 언급하였듯이 적절한 자료 수집 방법을 사용하는 것이 매우 중요하다. 만약 적절한 자료 수집 방법을 사용하지 않았다면, 통계 분석 방법을 사용하려고 할 때도 어려움을 겪을 것이다.

또한 이 장의 초반에서는 수집한 자료를 표와 그림으로 어떻게 제시해야 하는가에 대하여 설명하였다. 자료를 명확하게 표현함으로써 독자들은 통계 결과를 쉽게 이해할 수 있을 뿐만 아니라, 왜 연구자가 특정한 방법을 사용했는지 이해하기도 쉽다.

통계 기법은 모수 통계와 비모수 통계로 구분되는데, 차이 검증 기법으로는 t-검증, Mann-Whitney의 U-검증, Wilcoxon의 부호서열 검증 등이 있다. 변인들 간의 관계에 대해서는 상관 분석에 대해서 소개하였고, 범주형 자료에 관해서는 내용 분석과 카이 제곱 검증을 소개하였다. 비록 이 책에서는 공식을 활용하여 직접 계산을 했지만, 현재 나와 있는 다양한 통계 패키지를 활용하면 통계 분석을 손쉽게 수행할 수 있다. 중요한 것은 통계 패키지를 사용하기 전에 왜 이 통계 분석 방법을 적용해야 하는지에 대한 연구자의 명확한 논리다. 만약 그러한 논리가 없다면 적합한 분석을 실시할 수 없으며 해석도 제대로 이루어질 수 없다.

따라서 모바일 HCI 연구를 하기 전에, 연구 방법은 무엇을 사용할 것이며, 어떤 통계 분석 기법을 사용할 것인지에 대한 명확한 생각이 있어야 한다. 이에 대한 도움을 주고자 이 책의 부록 B에는 사용할 통계 기법을 결정하는 데 도움을 줄 수 있는 의사결정 흐름도를 제시해 두었다.

자·기·점·검

- 종속표본 t-검증
- 독립표본 t-검증
- Wilcoxon 부호서열검증
- Mann-Witney의 U-검증
- Spearman의 등위상관계수
- Pearson의 적률상관계수
- 카이 제곱 검증
- 내용 분석

연·습·문·제

1. 당신이 이동통신회사의 사용성 평가 전문가라고 하자. 처음 맡게 된 프로젝트는 새로운 멀티미디어 메시지 서비스에 관한 것이다. 프로젝트의 관리자는 당신에게 새로운 서비스에 대한 사람들의 태도를 정리한 보고서를 제출하라고 한다. 이 보고서에는 어떤 방식으로 사람들에게서 자료를 얻었는지, 또 이렇게 얻은 자료는 어떻게 분석하였는지를 간단히 포함해야 한다. 그리고 왜 특정한 연구 방법을 사용했으며 사용한 통계 분석의 기법은 타당한지에 대한 내용도 포함해야 한다.

2. 당신은 사람들이 공공장소에서 어떻게 카메라폰을 사용하는지 관찰해야 한다고 가정하자. 관찰한 것을 코딩할 양식기록지를 개발하라. 그리고 관찰을 수행한 후, 자료를 카이 제곱 검증으로 분석해서 보고하라.

참고문헌

Miles, M. B., & Huberman, A. M. (1994). *Qualitative Data Analysis: an expanded sourcebook* (2nd ed.). Sage Publications, Thousand Oaks, CA.

읽을거리

Burns, R. B. (2000). *Introduction to Research Methods.* Sage Publications.

Coolican, H. (2000). *Research Methods and Statistics in Psychology.* Hodder and Stoughton.

Filed, A. (2000). *Discovering Statistics Using SPSS for Windows.* Sage Publications.

Rowntree, D. (2003). *Statistics Without Tears: a primer for non-mathematicians.* Allyn and Bacon.

Silverman, D. (2001). *Interpreting Qualitative Data: methods for analysing talk, text and interaction* (2nd ed.). Sage Publications, London.

제9장

결 론

●●●●●●●●●●

이 장에서는 모바일 HCI 개발과 향후 연구 분야에 대하여 소개하고자 한다. 여기에서는 장소 기반 서비스, 오락 서비스, 건강관리, 개인 맞춤형, 모바일 학습 등과 같은 새로운 영역에서 3G 기술의 영향력과 잠재성에 대해 다룰 것이다. 또한 새로운 모바일 기기나 서비스의 기능적인 측면뿐만 아니라 지속적인 사회적 영향까지 효과적으로 조사할 수 있는 연구 방법에는 어떠한 것이 있는지 살펴보도록 한다. 사회적 영향이라는 것은 사람들이 특정 기술을 선택하는 이유와 그것을 어떻게 자신들의 요구에 적용시키는지를 설명할 수 있는 하나의 요소다.

제9장

결 론

3G 기술

3G 기술이란 무엇인가? 3G는 휴대전화가 보다 다양하고 나은 서비스를 제공할 수 있는 대역폭을 제공하는 제3세대 이동통신기술을 말한다. 이 대역폭에서는 데이터 전송 속도가 초당 2메가바이트까지 올라갈 수 있다(4G 휴대전화라면 초당 100 메가바이트 전송이 가능하고, 3D 가상 커뮤니티를 돌아다닐 수 있을 정도의 자료 전송 양이다). 대역폭이 늘어남으로써 사용자들은 귀갓길의 전철 안에서 휴대전화로 축구 경기 하이라이트를 볼 수도 있을 것이다. 또한 3G 서비스는 인터넷 검색도 가능하고, 동영상이나 음악 파일도 다운받을 수 있다. 이것은 WAP를 통해서 제한적으로 자료를 다운받는 것과는 다르다. 일반적으로 WAP 서비스는 날씨나 뉴스 헤드라인, 스포츠 경기 결과를 문자 기반으로 알려 주는 방식이었다. 그러나 항상 인터넷 서비스가 가능한 GPRS와 같은 서비스는 보다 높은 광대역을 사용함으로써 안정적으로 인터넷에 접속할 수 있다. 또한 그래픽이나 비디오 스트리밍과 같은 다양한 매체가 활용되는 환경에 보다 원활

하게 접속할 수 있게 해 준다. 물론 이에 대해서 현재 영국에서는 일부 논쟁이 있다. 어떤 전문가는 이러한 인터넷 접속이 휴대전화 서비스 업체의 포털 사이트를 통해서만 접속된다는 문제점을 제기하기도 한다. WWW처럼 무료로 이용할 수 있는 것은 아니다. 3G 모바일 기기의 또 다른 잠재성은 휴대전화로 화상회의를 할 수 있다는 것이다. 또한 사용자는 온라인 게임도 할 수 있다. 실시간으로 다수의 사람들과 동시에 게임을 할 수 있고, 높은 대역폭 덕분에 높은 해상도의 3D 영상은 뛰어난 현실감을 제공할 것이다. 앞에서 구체적으로 언급하지는 않았지만, 전화를 할 수 있다는 것은 두말할 나위도 없다. 물론 이러한 모바일 기기 서비스는 당신이 이동하는 지역의 네트워크 관할 범위에 따라 조금씩 다르기는 하다. 3G 기술에 의해 제공되는 서비스 외에 또 하나 눈여겨볼 것은 사람들이 종종 전화기와 네트워크를 쉽게 구분하지 못한다는 것이다. 이것은 사용자 인터페이스가 무엇인가에 관한 문제다.

사용자들은 모바일 기기 및 서비스의 개발 측면에 관련해서 무엇을 기대할까? AvantGo가 최근에 수행한 Mobile Lifestyles survey (2004)에 의하면, 사람들은 Apple사의 iPOD처럼 음악을 저장하고 재생할 수 있는 기능뿐만 아니라, PDA의 기본 모습을 지닌 모바일 기기를 원한다고 한다. 또한 일반 휴대전화보다는 화면이 크고, 사이즈는 작으며, 세계 어느 곳에서나 그 위치에 대한 정보를 주는 GPS 기능 등을 원하는 것으로 나타났다. 이 설문지를 바탕으로 만들어 본 '꿈의 모바일 기기'가 갖추고 있어야 하는 12가지 기능을 정리해 보면 다음과 같다.

- 달력, 주소록

- PC와의 쉬운 동기화
- 배터리 수명의 연장
- 이메일 및 통신
- Wi-Fi/Bluetooth
- 작은 크기
- MP3 재생기
- 전화 기능
- 큰 화면
- GPS 기능
- 20기가바이트 이상의 메모리
- 카메라

이 설문에 응답한 사람들은 마케팅 용어로 선구매자 혹은 신기술 적응자(early adapters)라고 정의되는 사람들이다. 그러나 많은 과거의 경험을 통해서 보면 이들의 요구와 실제로 활용되는 기술이 동일한 것은 아니었다. 예를 들면, WAP에 대한 그들의 요구와 실제 사용을 비교해 보면 그 역시 완전히 일치하지는 않는다. 그렇다면 이러한 점을 고려해 볼 때 앞으로의 연구에서 흥미로운 주제가 될 수 있는 분야는 무엇일까? 중요한 분야 가운데 대표적으로 위치 기반 서비스를 꼽을 수 있다.

위치 기반 서비스

위치 기반 서비스란 무엇인가? Duri 등은 위치 기반 서비스에 대해 사용자가 있는 장소에 초점을 두는 서비스라고 정의하고 있다. 역동적인 모바일 환경에서, 모바일 기기 사용자는 지속적으로 변화하는 요구를 갖게 된다. 어떤 보고서에 따르면, 2007년까지 휴대전화 정보 서비스의 40% 이상이 위치 기반 서비스가 될 것이라고 한다. 따라서 제품 개발자들은 이러한 추세를 반영하여 설계할 필요가 있다. 즉, 사용자가 위치한 장소와 관련된 서비스가 제공되어야 한다는 것이다. 당신이 어떤 도시에 도착했다고 하면, 괜찮은 식당이 어디에 있는지, 박물관은 어디에 있는지 등에 관한 현지 정보를 찾는다는 뜻이다. 개발과 관련하여 이러한 서비스가 고려해야 하는 요소는 다음과 같다.

- 제한된 입력 유형
- 화면 크기
- 무선 연결망(Wifi, WLAN, UMTS, GPRS, GSM)
- 정보의 복잡성 완화

모바일 서비스 및 기기의 개발에서 결정적인 요소는 사용 맥락에 관한 것이다. Preece 등(2002, p. 207)에 따르면 사용 맥락을 정의하기 위해서는 제품이 사용되도록 기대되는 환경으로써 사회적 · 기술적 · 조직적 · 물리적 환경이 포함되어야 한다. 이것은 어떤 종류의 모바일 HCI 연구를 수행하더라도 반드시 알아야 하는 중요한 요소다. 이것이 위치 기반 서비스에 의미하는 바는 무엇일까?

사용 맥락에 관한 사회적 요구부터 알아보자. 6장에서는 사람들이 공공장소에서 새로운 기술 공학적 매체에 대하여 특정한 기대를 갖고 있음을 살펴보았다. 3G와 같은 새로운 서비스에 대한 요구는 이미 서비스 제공자들도 알고 있기 때문에 이제는 이러한 새로운 기술 공학의 사회적 영향을 연구해야 할 때다. 이를 테면, 다음과 같은 연구가 가능하다. 사람들은 번잡하고 시끄러운 버스 안에서 위치 기반 서비스를 활용하여 음식점을 예약하려고 할 때, 키패드 입력 장치 대신 음성 기반 입력 장치를 쓸 것인가? 사람들이 이동 중에 다양한 서비스를 이용하려고 할 때, 무선 인터넷 연결은 어느 정도 안정적인가? 현재 이동하는 기차에서의 인터넷 연결이 간혹 안정적이지 않다. 이런 문제는 기차에서 휴대전화를 사용할 때도 종종 나타난다. 또한 모바일 기기가 노동자들의 업무 환경을 얼마나 역동적으로 만들 수 있으며, 어떻게 조직의 한 구성원으로 소속감을 느끼게 하거나 고립감을 느끼게 할 수 있는지 등은 새로운 연구 문제가 될 수 있다. 모바일 근로자에게 제공되는 정보는 역동적인 작업 환경을 반영해 줄 수 있어야 한다. 예를 들면, 음성 입력이 가능하지 않은 환경에 처해 있다면, 키패드를 통해 정보를 입력할 수 있도록 서비스가 제공되어야 한다.

연구 방법

Kjeldskov와 Graham(2003)은 모바일 HCI 연구의 대부분이 여전히 실험실 수준에서 이루어지고 있다고 지적하고 있다. 실험실에서 하는 연구의 장점은 4장에서 소개하였는데(예, 인터페이스 프로토타입 개발에 관한 예비 연구), 이제는 서비스 및 기기의 실제 사용 맥락에 대한 현장 연구가 많이 진행되어야 한다. 이를 위해서 연구자와 개발자는 4장에서 다룬 관찰 연구 및 현장 연구 기법을 적용함으로써 연구 결과의 생태학적 타당도(ecological validity)를 높일 수 있을 것이다.

교 육

모바일 학습은 최근 들어 흔히 사용되는 용어일 것이다. 그렇다면 이것은 무슨 뜻인가? 이것은 PDA, 노트북, 태블릿 PC, 휴대전화와 같은 모바일 기기를 교수-학습 상황에 활용한다는 의미다. 왜 모바일 학습에 많은 관심을 보이고 있는가? PDA나 태블릿 PC와 같은 모바일 기기의 사용은 학생들에게 다양한 학습 환경을 제공해 주기 때문이다. 또한 비용 면에서도 합리적이고 효과적이다. 모바일 기기는 교실 수업 상황에 적합한 크기이기 때문에 일부러 ICT 기자재실로 이동하지 않아도 된다. 학생들이 모니터에 가려서 안 보이는 일이 없기 때문에 교사와 학생은 자유롭게 상호작용할 수 있다. 비용 측면에서도 휴대전화나 PDA와 같은 모바일 기기는 같은 서비스를 제공하는 데스크톱에 비해 저렴하다.

그렇다면 학습에서의 이점은 무엇인가? 심리학자 Vygotsky(1978)는 사회적 촉진이야말로 학습의 핵심 요소라고 했는데, 사회적 촉진은 교실 수업 상황에서 협력 학습의 아이디어로 구현될 수 있다. Cohen(1994)에 의하면, 효과적인 협력 학습을 적용하기 위해서는 개인과 집단의 성취, 협동, 공유된 목표를 달성하기 위한 상호작용, 역할 분담과 규칙 등의 요소가 포함되어 있어야 한다. 학습은 학생 혼자서 하는 것이 아니다. Lou 등(2001)이 사용한 컴퓨터 지원 협력 학습(CSCL) 도구는 정보통신기술이 교수-학습 상황에서 새로운 협력 학습의 조건을 형성할 수 있다는 가능성을 제시하고 있다. Inkpen 등(1999)은 상호작용이 책상에서 이루어지는 것이라는 고정관념 때문에 협력 학습의 기회가 많이 제한된다고 지적하였다. Mandryk 등(2001)은 PDA 및 WLAN과 같은 첨단 기술이 학생과 교사 또는 학생과 학생 간의 면대면 상호작용을 증진시킬 수 있다고 지적한다. Zurita 등(2003)은 수학과 협력 학습을 실시한 두 집단을 활용하여 통제된 실험 연구를 수행하였다. 한 집단의 학생들은 무선 인터넷을 지원하는 휴대용 소형 컴퓨터를 사용하였고, 다른 한 집단은 어떤 종류의 ICT도 지원받지 못했다. 연구 결과, 휴대용 소형 컴퓨터를 사용한 집단의 수학 성취도가 훨씬 높았다. 이런 결과가 도출된 것은 휴대용 컴퓨터를 사용함으로써 학생들 간의 사회적 상호작용이 촉진되었으며, 이것은 학생 간의 협력 활동을 증진시켰음을 의미한다.

대학에서도 모바일 기기가 학습 환경을 촉진시킨 사례를 찾아볼 수 있다. 미국의 한 의과대학은 무선통신이 가능한 PDA를 사용하고 있다. 이 기기는 학생과 교수와의 의사소통을 증진시켜 줄 뿐만 아니라, 병원에서 실습을 하는 동안에도 학교와 관련된 최신 정보에 접속할 수 있게 해 준다. Fallen(2002)에 따르면, 미국 의과대학의 약 20% 정도가 3, 4학년 의대생에게 PDA를 지참할 것을 요구하고 있다고 한다.

모바일 기기를 사용하여 효과적인 학습이 이루어지기 위해서는 실제 수업에서 이것을 사용하기 전에 교사와 학생 모두 이 기기에 충분히 익숙해져야 한다. 교사의 관점에서 보면, 그들은 단순히 기기의 기술적 사용법에만 익숙해져서는 안 되고, 이 기기가 구체적인 학습 목표를 어떻게 지원해 줄 수 있는가를 충분히 숙지해야 한다. 이것은 교사들이 모바일 기기에 그들의 학습 목표를 끼워 맞추려고 하기보다는, 그들 스스로가 모바일 기기를 사용하기 시작할 때부터 어떠한 학습의 결과를 기대하는지에 대해 미리 계획하고 있어야 한다는 것이다.

교육적 이점을 떠나서 모바일 기술 자체가 학습에 또 다른 이점을 제공하기도 한다. 현재 대부분의 대학생이 휴대전화를 가지고 있기 때문에, 급작스럽게 시간표가 변경되었다든지, 시험 일정에 대해 공지해야 한다든지, 기타 안내 사항을 전달해야 할 때, 휴대전화를 편하게 이용할 수 있다. 또한 가족 중 누군가의 병환과 같은 긴급 상황에서도 활용할 수 있다. 무선 서비스가 가능한 대학 캠퍼스라면, 학생들은 굳이 도서관을 가지 않고 안락한 학생 휴게실에서 도서관 열람 시간을 확인하고, 책을 대여하며, 도서 검색을 할 수도 있다.

건강관리

앞서 살펴본 의과대학의 예에서 보았듯이, 건강관리 영역은 모바일 ICT가 잘 활용되고 있는 분야다. 모바일 기기와 무선 기술은 의학전문가들에게 다양한 기회를 제공한다. 각 집을 방문하는 방문 간호사들을 생각해 보자(예, 지역 간호사). 그들은 자신들이 그날 방문해야 하는 환자의 정보를 미리 알고 있어야 한다. 그리고 현재 환자의 상태를 업데이트하거나 그 환자의 상태에 맞는 정보를 찾을 수 있도록 무선통신 연결이 제공될 필요가 있다. 따라서 설계자들은 이러한 역동적인 환경을 가진 이동 건강 관리자들의 요구를 정확하게 파악하고, 이것을 어떻게 시스템 설계에 반영할 것인지 신중하게 고민해야 한다.

개인화

모바일 기기의 개인화(personalisation)는 지속적으로 발달할 것이다. 가끔 기차에서 옆에 앉은 사람이 유행가를 전화의 컬러링으로 해 둔 것을 들은 적이 있을 것이다. 휴대전화의 컬러링은 모바일 회사에는 수익성이 높은 사업이다. 그리고 사람들의 기분에 따라서 자기 전화기의 케이스를 바꾼 경우를 많이 보았을 것이다. 기기 그 자체뿐만 아니라, 인터페이스도 이처럼 개인화가 가능할 수 있다. 이런 특징은 인터페이스 설계자에게 흥미로운 도전 과제이기도 하다.

사람들이 모바일 기기나 휴대전화를 통해서 자신들이 원하는 정보를 제공받는 서비스는 이미 사용되고 있다. 자신이 관심을 갖고 있는 축구 팀의 경기 결과를 알려 주는 알림 서비스에 등록해 놓으면 휴대전화에 자동으로 경기 정보가 업데이트된다.

개인화는 개인의 각기 다른 요구를 반영해 줌으로써 모바일 기기와 상호작용하는 개인의 능력을 보완하기도 한다. 2장에서 살펴본 개인차를 떠올려 보면, 모바일 기기 설계에서 종종 무시되는 노인층이나 시력 및 청력이 안 좋은 사람들의 경우 자신들의 모바일 기기를 보다 효율적으로 활용하기 위하여 개인화를 적용할 수 있다. 큰 글자를 휴대전화나 PDA의 기본 설정으로 한다든가, 음성 인식 및 터치톤 입력 방식의 호환 기능을 이용하는 것이 그 예가 된다.

요 약

이 장의 목적은 모바일 서비스 개발 및 연구 영역을 선도할 수 있는 아이디어를 제공하기 위한 것이었다. 귀갓길 기차에서 휴대전화를 통하여 다수의 사람이 동시에 게임을 하거나 축구 경기를 보는 것과 같은 오락적 요소와 교육 현장에서 협력 학습의 증진을 위해 사용하는 모바일 기기의 활용이 그 대표적인 예라고 할 수 있다. 또한 관광 정보 안내와 같은 위치 기반 서비스와 사용자들에게 그들의 현 위치와 관련하여 필요한 정보를 주는 서비스(예, 지역 버스 및 기차 시간표 정보 서비스)에 대해서도 알아보았다.

개인화는 모바일 서비스업자들이 사람들의 모바일 기기 활용 유형을 알기 위하여 계속해서 개발해야 하는 또 다른 영역이다. 개인화를 적용하면, 모바일 기기를 통해 수신되는 쓸데없는 광고를 더 이상 받지 않아도 될지 모른다. 개인화의 보다 긍정적인 측면은 일부 집단의 사람들(노인들이나 청각 및 시각적 어려움을 겪는 사람들)에게 그들이 원하는 대로 모바일 기기의 인터페이스를 선택할 수 있도록 해 준다는 것이다. 또한 서비스 제공업자들은 사용자의 요구를 반영한 맞춤형 정보를 제공해 주어야 한다.

이 책에서 우리는 모바일 HCI 영역에 기여할 수 있는 다양한 측면을 전체적으로 개괄해 보았다. 이러한 정보가 독자 여러분에게 도움이 되었기를 바란다. 이제 여러분이 할 일은 밖으로 나가 모바일 기술을 사용하는 사람을 직접 관찰함으로써 모바일 연구에 기여할 수 있는 여러분의 고유한 연구 아이디어를 얻는 것이다. 여러분의 앞날에 많은 발전이 있기를 바란다.

자·기·점·검

- 위치 기반 서비스
- 컴퓨터 지원 협력 학습
- 개인화
- 사용 맥락

연·습·문·제

1. 관광 정보 안내 모바일 기기를 설계할 때, 고려해야 하는 사용 맥락에는 어떤 것이 있는가?

2. PDA 기반 관광 정보 안내 프로토타입의 개발 방법을 가르치기 위한 컴퓨터 지원 협력 학습 시스템(CSCL)을 만들어 보라.

참고문헌

AvantGo Mobile Lifestyles Survey (2004). http://www.ianywhere.com/press_releases/avantgo_dreams_survey.html. Accessed 11.01.05.

Cohen, E. G. (1994). Restructuring the Classroom: conditions for productive small groups. *Review of Educational Research, 64*(1), 1-35.

Duri, S., Cole, A., Munson, J., & Chritsensen, J. (2001). An approach to providing a seamless and-user experience for location-aware applications. *Proceedings of 1st International Workshop on Mobile Commerce,* Rome, Italy, pp. 20-25.

Fallon, M. (2002). Handheld Devices: towards a more mobile campus. http://www.campus-technology.com/print.asp?ID=6896. Accessed 04.01.05.

Inkpen, K. M., Ho-Ching, W., Kuederle, O., Scott, S. D., & Shoemaker, G. (1999). This is fun! We're all best friends and we're all playing: supporting children's synchronous collaboration. *Proceedings of Computer Supported Collaborative Learning (CSCL) '99,* Stanford, CA.

Kjeldskov, J., & Graham, C. (2003). A review of mobile HCI research methods. In *Proceedings of 5th International Symposium, Mobile HCI,* L. Chittaro (Ed.), pp. 317-335. Spinger.

Lou, Y., Abrami, P. C., & d'Apollonia, S. (2001). Small group and individual learning with technology: a meta-analysis. *Review of Educational Research, 71*(3), 449-521.

Mandryk, R. L., Inkpen, K. M., Bilezikjian, M., Kleemer, S. R., & Landay, J. A. (2001). Supporting children's collaboration across handheld computers. In *Extended Abstracts of CHI, Conference of Human Factors in Computing Systems.* Seattle, USA.

Preece, J., Rogers, Y. R., & Sharp, H. (2002). *Interaction Design: beyong human-computer interaction.* John Wiley and Sons.

Vygotsky, L. (1978). *Mind in Society: the development of higher psychological processes.* Cambridge: Harvard University Press.

Zurita, G., Nussbaum, M., & Shaples, M. (2003). Encouraging face-to-face collaboration learning through the use of handgeld computers in the classroom. in *Proceedings of 5th International Symposium, Mobile HCI,* L. Chittaro (Ed.), pp. 193-208. Springer.

읽을거리

Harper, R. (2003). People versus information: the evolution of mobile technology. In *Proceedings of 5th International Symposium, Mobile HCI,* L. Chittaro (Ed.), pp. 1-14. Springer.

Rheingold, H. (2002). *Smart Mobs: the next social revolution.* Perseus Publishing.

부 록

A. 임계치 표

B. 어떠한 검증을 적용해야 하는가

C. 유용한 HCI 자료

Ⓐ 임계치 표

〈표 A1〉 t-검증의 임계치

자유도 N =	단측 검증의 유의도 수준		
	0.05	0.025	0.005
	양측 검증의 유의도 수준		
	0.10	0.05	0.01
1	6.314	12.706	63.657
2	2.920	4.303	9.925
3	2.353	3.182	5.841
4	2.132	2.776	4.604
5	2.015	2.571	4.032
6	1.943	2.447	3.707
7	1.895	2.365	3.499
8	1.860	2.306	3.355
9	1.833	2.262	3.250
10	1.812	2.228	3.169
11	1.796	2.201	3.106
12	1.782	2.179	3.055
13	1.771	2.160	3.012
14	1.761	2.145	2.977
15	1.753	2.131	2.947
16	1.746	2.120	2.921
17	1.740	2.110	2.898
18	1.734	2.101	2.878

*주의: t 값은 각 유의도 수준별로 제시된 임계치와 같거나 커야 유의미하다.

Ⓐ 임계치 표

〈표 A2〉 **Wilcoxon 검증의 임계치**

자유도 N =	단측 검증의 유의도 수준		
	0.05	0.025	0.01
	양측 검증의 유의도 수준		
	0.10	0.05	0.002
1	–	–	–
2	–	–	–
3	–	–	–
4	–	–	–
5	–	–	–
6	2	0	–
7	3	2	–
8	5	3	–
9	8	5	–
10	11	8	0

*주의: W 값은 각 유의도 수준별로 제시된 임계치와 같거나 작아야 유의미하다.

Ⓐ 임계치 표

〈표 A3〉 **Mann-Whitney U−검증의 임계치**

	n^1									
n^2	1	2	3	4	5	6	7	8	9	10
1	–	–	–	–	–	–	–	–	–	–
2	–	–	–	–	–	–	–	0	0	0
3	–	–	–	–	0	1	1	2	2	3
4	–	–	–	0	1	2	3	4	4	5
5	–	–	0	1	2	3	5	6	7	8
6	–	–	1	2	3	5	6	8	10	11
7	–	–	1	3	5	6	8	10	12	14
8	–	0	2	4	6	8	10	13	15	17
9	–	0	2	4	7	10	12	15	17	20
10	–	0	3	5	8	11	14	17	20	23

*이 표는 0.025 수준의 단측 검증과 0.05 수준의 양측 검증을 위한 임계치를 제시한 것이다.
*주의: U 값은 제시된 임계치과 같거나 작아야 유의미하다.

A 임계치 표

〈표 A4〉 Pearson의 r−임계치

자유도 = N−2	단측 검증의 유의도 수준		
	0.05	0.025	0.005
	양측 검증의 유의도 수준		
	0.10	0.05	0.01
2	0.900	0.950	0.990
3	0.805	0.878	0.958
4	0.729	0.811	0.917
5	0.669	0.754	0.875
6	0.621	0.707	0.834
7	0.582	0.666	0.798
8	0.549	0.632	0.765
9	0.521	0.602	0.735
10	0.497	0.576	0.708

*주의: r 값은 각 유의도 수준별로 제시된 임계치와 같거나 커야 유의미하다.

A 임계치 표

〈표 A5〉 **Spearman의 r-임계치**

자유도 N =	단측 검증의 유의도 수준		
	0.05	0.025	0.01
	양측 검증의 유의도 수준		
	0.10	0.05	0.02
2	–	–	–
3	–	–	–
4	–	–	–
5	0.900	1.000	1.000
6	0.829	0.886	0.943
7	0.714	0.786	0.893
8	0.643	0.738	0.833
9	0.600	0.700	0.783
10	0.564	0.648	0.745

*주의: r 값은 각 유의도 수준별로 제시된 임계치와 같거나 커야 유의미하다.

Ⓐ 임계치 표

〈표 A6〉 χ^2 **검증의 임계치**

자유도 N =	단측 검증의 유의도 수준		
	0.05	0.025	0.01
	양측 검증의 유의도 수준		
	0.10	0.05	0.02
1	2.71	3.84	5.41
2	4.60	5.99	7.82
3	6.25	7.82	9.84
4	7.78	9.49	11.67
5	9.24	11.07	13.39
6	10.64	12.59	15.03
7	12.02	14.07	16.62
8	13.36	15.51	18.17
9	14.68	16.92	19.68
10	15.99	18.31	21.16

*주의: χ^2 값은 각 유의도 수준별로 제시된 임계치와 같거나 커야 유의미하다.

B 어떠한 검증을 적용해야 하는가

이 도표는 8장에서 설명된 통계 검증 방법 중에서 어떤 것을 선택해야 하는지 결정하는 데 도움을 주기 위한 것이다.

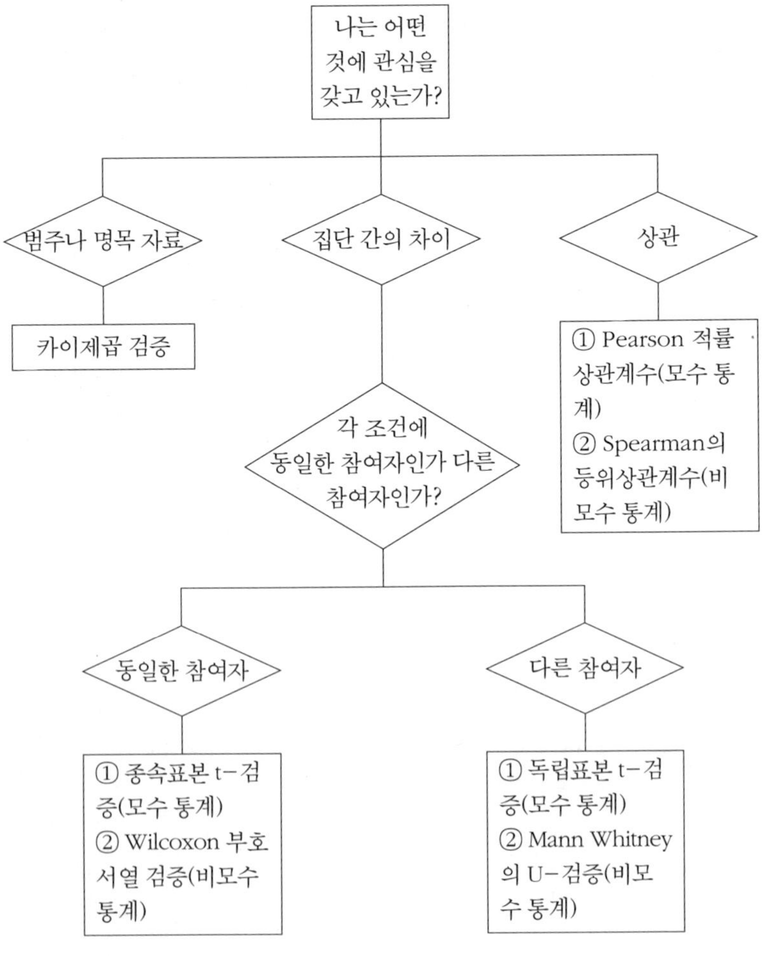

C 유용한 HCI 자료

JOURNALS

Behaviour and Information Technology

Communications of the ACM

Computers in Human Behaviour

Ergonomics

Human Factors

Information Technology and People

International Journal of Human-Computer Studies

International Journal of Human-Computer Interaction

Interacting with Computers

Personal and Ubiquitous Computing

Transactions on Computer-Human Interaction

Universal Access in the Information Society

Conference Proceedings

Assistive Technologies (ASSETS)

CHI

British HCI

HCI International

Interact

Mobile HCI

NordCHI

Ubiquitous Computing (UbiComp)

C 유용한 HCI 자료

INTERNET

British Computer Society HCI group: http://www.bcs-hci.org.uk/

HCI Bibliography: www.hcibib.org/

HCI Index: http://degraaff.org/hci/

Humourous look at bad UI designs: www.baddesigns.com/

Jakob Nielson's alertbox column: www.useit.com/alertbox/

Usable Web: www.usableweb.com/

찾아보기

저•자•소•개

Steve Love는 영국 Brunel University의 Information Systems and Computing 학과의 교수로 재직하고 있다. 주로 HCI와 관련된 연구를 수행하고 있으며, 모바일 기술공학이 사용자의 사회적 행동에 미치는 영향에 관심을 갖고 있다. 또한 사회적 사용성의 개념을 적용하여 공공장소에서의 휴대전화 사용과 사회적 행동과의 관련성에 대해 연구하고 있으며, 음성기반 시스템 개발을 위한 사용자 특성에 대한 연구에도 관심을 갖고 있다.

역•자•소•개

류지헌은 현재 전남대학교 교육학과 교수로 재직하고 있다. 고려대학교 교육학과에서 학사와 석사를 마쳤으며, Florida State University에서 교육공학을 전공하였다. Learning Systems Institute 연구소에서 연구조교로 있으면서 PDA와 같은 매체활용 분야를 연구했으며, 박사학위 논문은 멀티미디어를 사용할 때 발생하는 지식변형 과정에 대한 인지모형에 대한 것이다. 주로 멀티미디어 사용과 인지과정에 대한 연구를 수행하고 있으며, 멀티미디어의 설계, 사용성 평가, 인지부하이론, 생리신호측정, 감성 컴퓨팅 등이 주요 연구 영역이다.

김민정은 현재 단국대학교 교직교육과 교수로 재직하고 있다. 한양대학교에서 학사 및 교육공학 석사를 마친 후 Florida State University에서 교육공학을 전공하였다. 박사과정 수학기간 동안 Learning Systems Institute 연구소에서 특수학교 교사 지원을 위한 EPSS 및 온라인 교육 프로그램 개발과 활용 및 평가 업무 등을 주로 하였다. 박사학위 논문은 교육방법으로서 동료평가의 효과에 관한 것이다. 동료학습(동료평가, 동료 튜터링, 웹기반 동료 협력학습, 등), 학습 시스템의 개발 및 활용, 교육 프로그램 개발 및 평가, 보조공학 등이 주요 연구 영역이다.

모바일 HCI를 위한 연구 방법론

Understanding Mobile Human-Computer Interaction

2010년 3월 20일 1판 1쇄 인쇄
2010년 3월 25일 1판 1쇄 발행

지은이 • Steve Love
옮긴이 • 류지헌 · 김민정
펴낸이 • 김진환
펴낸곳 • (주) 학지사
121-837 서울시 마포구 서교동 352-29 마인드월드빌딩 5층
대표전화 • 02-330-5114 팩스 • 02-324-2345
등록번호 • 제313-2006-000265호

홈페이지 • http://www.hakjisa.co.kr
커뮤니티 • http://cafe.naver.com/hakjisa

ISBN 978-89-6330-341-3 93370

정가 14,000원

역자와의 협약으로 인지는 생략합니다.
파본은 구입처에서 교환해 드립니다.